truebond building

decoration

华人民共和国成立 70 周年建筑装饰行业献礼

筑邦装饰精品

中国建筑装饰协会 组织编写
北京筑邦建筑装饰工程有限公司
中设筑邦（北京）建筑设计研究院有限公司 编 著

中国建筑工业出版社

筑邦
筑邦
中华人
和国成立 70 周年建筑装饰行业献礼
19

uebond building decoration
6

editorial board

丛书编委会

本书编委会

foreword

序一

中国建筑装饰协会名誉会长
马挺贵

伴随着改革开放的步伐，中国建筑装饰行业这一具有政治、经济、文化意义的传统行业焕发了青春，得到了蓬勃发展。建筑装饰行业已成为年产值数万亿元、吸纳劳动力 1600 多万人，并持续实现较高增长速度、在社会经济发展中发挥基础性作用的支柱型行业，成为名副其实的“资源永续、业态常青”的行业。

中国建筑装饰行业的发展，不仅有着坚实的社会思想、经济实力及技术发展的基础，更有行业从业者队伍的奋勇拼搏、敢于创新、精益求精的社会责任担当。建筑装饰行业的发展，不仅彰显了我国经济发展的辉煌，也是中华人民共和国成立 70 周年，尤其是改革开放 40 多年发展的一笔宝贵的财富，值得认真总结、大力弘扬，以便更好地激励行业不断迈向新的高度，为建设富强、美丽的中国再立新功。

本套丛书是由中国建筑装饰协会和中国建筑工业出版社合作，共同组织编撰的一套展现中华人民共和国成立 70 周年来，中国建筑装饰行业取得辉煌成就的专业科技类书籍。本套丛书系统总结了行业内优秀企业的工程施工技艺，这在行业中是第一次，也是行业内一件非常有意义的大事，是行业深入贯彻落实习近平新时代中国特色社会主义思想和创新发展战略，提高服务意识和能力的具体行动。

本套丛书集中展现了中华人民共和国成立 70 周年，尤其是改革开放 40 多年来，中国建筑装饰行业领军大企业的发展历程，具体展现了优秀企业在管理理念升华、技术创新发展与完善方面取得的具体成果。本套丛书的出版是对优秀企业和企业家的褒奖，也是对行业技术创新与发展的有力推动，对建设中国特色社会主义现代化强国有着重要的现实意义。

感谢中国建筑装饰协会秘书处和中国建筑工业出版社以及参编企业相关同志的辛勤劳动，并祝中国建筑装饰行业健康、可持续发展。

序二

中国建筑装饰协会会长
刘晓一

为了庆祝中华人民共和国成立 70 周年，中国建筑装饰协会和中国建筑工业出版社合作，于 2017 年 4 月决定出版一套以行业内优秀企业为主体的、展现我国建筑装饰成果的丛书，并作为协会的一项重要工作任务，派出了专人负责筹划、组织，以推动此项工作顺利进行。在出版社的强力支持下，经过参编企业和协会秘书处一年多的共同努力，该套丛书目前已经开始陆续出版发行了。

建筑装饰行业是一个与国民经济各部门紧密联系、与人民福祉密切相关、高度展现国家发展成就的基础行业，在国民经济与社会发展中发挥着极为重要的作用。中华人民共和国成立 70 周年，尤其是改革开放 40 多年来，我国建筑装饰行业在全体从业者的共同努力下，紧跟国家发展步伐，全面顺应国家发展战略，取得了辉煌成就。本丛书就是一套反映建筑装饰企业发展在管理、科技方面取得具体成果的书籍，不仅是对以往成果的总结，更有推动行业今后发展的战略意义。

党的十八大之后，我国经济发展进入新常态。在创新、协调、绿色、开放、共享的新发展理念指导下，我国经济已经进入供给侧结构性改革的新发展阶段。中国特色社会主义建设进入新时期后，为建筑装饰行业发展提供了新的机遇和空间，企业也面临着新的挑战，必须进行新探索。其中动能转换、模式创新、互联网 +、国际产能合作等建筑装饰企业发展的新思路、新举措，将成为推动企业发展的新动力。

党的十九大提出“人民日益增长的美好生活需要和不平衡不充分的发展之间的矛盾”是当前我国社会主要矛盾，这对建筑装饰行业与企业发展提出新的要求。人民对环境质量要求的不断提升，互联网、物联网等网络信息技术的普及应用，建筑技术、建筑形态、建筑材料的发展，推动工程项目管理转型升级、提质增效、培育和弘扬工匠精神等，都是当前建筑装饰企业极为关心的重大课题。

本套丛书以业内优秀企业建设的具体工程项目为载体，直接或间接地展现对行业、企业、项目管理、技术创新发展等方面的思考心得、行动方案和经验收获，对在决胜全面建成小康社会，实现“两个一百年”奋斗目标中实现建筑装饰行业的健康、可持续发展，具有重要的学习与借鉴意义。

愿行业广大从业者能从本套丛书中汲取营养和能量，使本套丛书成为推动建筑装饰行业发展的助推器和润滑剂。

The [illegible]nd building decoratio

走近筑邦

中国大陆的建筑装饰设计从改革开放以来已经迅猛发展了四十多年，从引进港台设计师到学习欧美经典设计，从现代主义风格到逐渐地风格多元化，从加入 WTO 到走向世界，当代中国设计师已经成熟起来，形成了专业化、正规化、国际化的团队。

经济水平是设计的土壤，文化是设计的养分。改革开放的四十年是中国经济腾飞的四十年，也是中国设计师睁眼看世界的四十年，从学习模仿到独立创作，中国设计师迎来了黄金时代，也迎来了大师辈出的时代。

北京筑邦建筑装饰工程有限公司的发展历程，就是中国建筑装饰设计发展的缩影。从建设部建筑设计研究院室内设计研究所到北京筑邦建筑装饰工程有限公司，再到控股中设筑邦（北京）建筑设计研究院有限公司，经历了行业发展的变革与风雨，走过了设计与施工一体化的道路，又在 21 世纪独立发展、精益求精。

中国建筑设计研究院总建筑师孟建国在 1996 年成立了北京筑邦装饰工程有限公司，兼任中国建筑设计研究院环境艺术设计研究院院长。依托中国建筑设计研究院的高水准、高技术设计平台，在公司成立初期，就完成了大量高品质的项目，并开展设计、施工一体化，以应对当时大量装饰公司不收设计费对设计行业的冲击，并探索国际通行的设计师负责制管理模式。从山东威海中信大厦、外交部办公楼、全国政协常委会议厅、北京外语教学与研究出版社办公楼、北京大学百年讲堂到中国移动通信集团办公楼、文化部办公楼、首都博物馆，成就显著、获奖众多，无疑是行业的引领者。

原建设部副部长叶如棠为筑邦公司题词“筑造精彩，利国兴邦”，是对筑邦公司已取得成绩的肯定，更是对筑邦公司蓬勃发展的鼓励和期望。二十多年来，北京筑邦建筑装饰工程有限公司获得建设部评定的建筑装饰设计甲级资质、建筑装饰施工一级资质、中国展览馆协会展览陈列工程设计与施工一体化一级资质、中国博物馆协会博物馆陈列展览设计甲级资质、中国博物馆协会博物馆陈列展览施工一级资质、建筑幕墙施工二级资质、建筑工程施工总承包三级资质、建筑机电安装工程专业承包三级资质。公司近年来完成了文化部办公楼、联想总部办公楼、北京城市副中心行政办公区 A2 项目、内蒙古呼和浩特昭君博物馆、河南洛阳天堂及明堂、海南生态智慧田园学校、北京菜市口百货商场等各类大型公共建筑工程，并获得中国建筑装饰国际空间大赛金奖、筑巢奖金奖、中国室内设计大赛金奖、北京市建筑装饰优秀设计、鲁班奖、中国建筑装饰优质工程、北京市建筑装饰优质工程、海河杯优质工程等众多奖项。

设计是工程建设的龙头。吸引更多的优秀设计人才、打造中国设计联邦是筑邦设计的发展目标。汇聚八方英才，赢在筑邦平台，共创筑邦品牌。筑邦设计并不满足于在建筑装饰设计领域取得的成就，在 2019 年通过组建成立中设筑邦（北京）建筑设计研究院有限公司，业务延伸到设计服务链条上游的建筑设计领域。中设筑邦（北京）建筑设计研究院有限公司具有建筑设计行业甲级资质，业务范围包括规划咨询、建筑设计、装饰设计、景观设计、智能化设计、照明设计、幕墙设计等多个领域。目前公司拥有十多名国家一级注册建筑师、一级注册结构工程师，拥有教授级高级建筑师、高级建筑师、建筑师、工程师等 200 多名专业技术人员，并聘请著名学者、教育家张绮曼教授作为设计总顾问。凝聚在筑邦品牌下的设计团队迅速成长，纷纷成为中国室内设计年度人物、室内设计封面人物、资深室内设计师、设计新秀等，成为具有行业影响力的精英，与筑邦品牌相得益彰。

专项化发展是设计行业、设计企业、设计师走向成熟的标志。筑邦公司一直引领设计行业的发展，把设计团队的专项化建设作为提高设计品质的重要方法和保障，不遗余力地打造、扶持精细化、专项化的设计队伍，并发挥中国建筑设计研究院的技术优势，不断提高设计师的技术水平。

在中国室内设计的初期阶段，设计师面向市场，承接各类项目，积累各方面的设计经验，这是一个学习的过程，并经过多年的发展，在日益激烈的市场竞争中提高设计水平。中国加入 WTO 之后更是与欧美设计师同台竞技。筑邦设计师已经深刻认识到做专做强的重要性和必要性，选择自己最擅长的领域进行突破，取得了显著的成果，越来越多的设计精品呈现，也诞生了张磊、董强、张明杰、高志强、马戈等越来越多的明星设计师、设计大咖。

办公建筑的设计团队在大型国企、政府办公楼方面不断深入研究，获得多项设计“杀手锏”；酒店设计及施工团队细分成公共空间与酒店后勤两个专业化领域，而公共空间又根据酒店性质划分为商务酒店团队和度假酒店团队；老年公寓团队与美国设计师协作，不断学习美国的老年建筑空间设计经验，形成了非常专业的理念和技巧；文旅建筑设计团队在建筑空间与文化中探究人与文化体验的关系，获得了巨大的成功；照明设计团队、声学设计团队在专业技术上深耕，获得大量行业奖项；景观设计团队从城市生活的角度关注人与环境的关系，钻研出一套因地制宜的设计、施工方法……众多专业团队的打造使筑邦拥有多个设计及施工领域的特长，并在内部交流中相互促进，取得了丰硕的成果。在中国建筑装饰协会的全国评选中，筑邦公司分别在剧场建筑装饰类、酒店建筑装饰类、博物馆建筑装饰类、学校建筑装饰类、办公建筑装饰类获得 IAID 最具影响力建筑装饰设计机构荣誉称号、“中国建筑装饰设计 50 强企业”荣誉称号、中国建筑学会室内设计分会颁发的“全国最具影响力室内设计机构”奖等。

国际化是筑邦设计的另一个重要发展方向。一方面，筑邦设计师与美国 KPF、HBA、Gensler 等国际设计公司的设计师合作，学习他们的先进技术和经验，提高自身水平。北京金融街丽思卡尔顿酒店是中美设计师通力协作，碰撞出智慧与激情，呈现具有中国文化韵味的国际五星级酒店，受到客户的广泛赞誉。另一方面，筑邦设计走出国门，承揽国外的设计项目，积累国际设计经验，提高竞争力，打造筑邦品牌。在哈萨克斯坦的阿克纠宾油气股份公司生产技术指挥中心项目中，筑邦设计准备充分、设计精细、服务到位，充分展示了中央企业雄厚的技术实力和丰富经验，并以热忱周到的技术服务获得建设方的褒奖。

筑邦始终关注设计技术领域的发展，紧跟时代脚步，在 2014 年成立了 BIM 设计与研究团队。BIM 技术是建筑行业的又一次革命性的技术进步，它是将建筑工程项目的各项相关信息数据作为模型的基础，建立建筑模型，具有可视化、协调性、模拟性、优化性和可出图性五大特点。筑邦从人力、物力、经济等多方面支持 BIM 设计团队的建设和研究工作，进行工程实例的设计研究与实践，取得了突出成就，编著出版的《BIM 技术室内设计》，应用于联想总部办公楼、海南智慧生态学校观演中心等多个项目，并参编《建筑装饰装修 BIM 设计标准》，是建筑装饰行业引领技术潮流的先锋。

筑邦不仅重视自身建设和发展，还积极为建筑装饰行业建设贡献力量。筑邦设计师先后参与《建筑设计资料集》（室内设计）、《室内装修国家标准图集》、《建筑内部装修设计防火规范》、《建筑装饰工程概预算编制与投标报价手册》，以及《工程勘察设计收费标准》（建筑装饰设计）、《室内设计通用图集》、《全国民用建筑工程设计技术措施》等编制工作。筑邦还有多名设计骨干担任中国建筑装饰协会、北京市建筑装饰协会、中国建筑学会室内设计分会等行业组织的会长、理事、主任、委员，为行业的发展和进步献策助力。

在国家战略方面，筑邦公司积极参与“一带一路”“雄安新区”“北京城市副中心”的建设，承接了新疆乌鲁木齐丝绸之路经济带旅游集散中心、北京城市副中心市政府办公用房，雄安设计中心、洛阳天堂、内蒙古昭君博物院展陈设计施工一体化项目等一批有影响力的项目，为国家建设添砖加瓦。

筑邦始终关注和支持设计院校的工作，培养新人，壮大设计团队。相继与原北京建筑工程学院、北方工业大学签订了合作协议，建立了研究生联合培养基地和设计实践基地，开展产、学、研一体的设计研究活动，多名设计师被聘为研究生指导教师，勇于承担企业的社会责任，热心奉献。

筑邦将一如既往地积极实践中国文化，以科学发展的观点倡导“本土设计”，鼓励设计师深入学习、弘扬中国文化，在建筑作品中展现当代中国的文化自信，为中国文化喝彩！

contents

目录

筑邦 装饰精品

全国政协常委会议厅

项目地点

北京市西城区太平桥大街 23 号

工程规模

4000m^2

社会评价及使用效果

全国政协常委会议厅是全国政协委员开会决议重要事件的场所，由会议厅、首长休息室、第九会议室以及附属配套用房等组成。该项目工期紧张，工艺要求复杂，材料为绿色环保新材料，充分体现了大国风范

方案效果图

工程特点

体现主体特征

全国政协常委会议厅的建筑与室内设计运用了很多中国传统文化符号，造型的寓意是设计着重考虑的因素。其核心设计理念是充分体现团结、统一、民主的主题，营造具有中国特色的庄严的会议空间氛围。改造工程延续原设计的主题，顶棚以银杏叶造型花灯为中心，三圈莲花花瓣的灯槽环绕，层层向外扩展。中心垂吊的花朵是国花牡丹，花蕊端部嵌入金色的水晶球，内藏 LED 灯，散射出五彩的光芒。上部周围的 8 片银杏花瓣，材质是晶莹璀璨的仿威尼斯玻璃（压花亚克力），被满布的 LED 灯均匀照亮，象征着 8 个民主党派与中国共产党紧密团结。3 圈共计 69 片金箔芙蓉花瓣肩并肩，象征 56 个民族、5 大宗教团体、8 个人民团体共同为中华民族的伟大复兴而奋斗。利用 GRG 的可塑性，三圈花瓣呈弧形曲面，生动、自然，整体吊顶造型是 4 个圆环层层叠落，在墙和吊顶交接的位置以一圈反弧形舒展的花瓣与中间的造型相互呼应，被暗藏的灯槽照亮、晕染，朴素淡雅，向心环绕，象征各界的代表人士，具有组织上的广泛代表性和政治上的巨大包容性，真正体现了整个中华民族的大团结、大联合。

主席台采用镜框式台口，斜切向内，简洁有力，方正大气。台口内有两个混凝土结构柱分左右矗立，采用木饰面包成粗壮的圆柱，柱础雕刻华美的花纹，以盛开的牡丹花为中心，枝叶环绕在四周，二方连续的银杏叶为条纹收边。

两侧的墙面设计了 8 根圆柱，将侧墙前部划分成数段竖高的长方形，强调空间的节奏感，也使空间更加挺拔和高耸，象征着 8 个民主党派共同为建设中国特色社会主义贡献力量。柱子两侧与墙面交界处做内八字角，加大柱面露出的面积，这也是中国传统建筑的处理手法。柱础的做法与台口圆柱相同，柱头是剔地起突的芙蓉花图案，与墙裙和吊顶的图案协调一致。

改造目标包括 5 项：增加 50 个座位、改善热舒适度、改善空间照明、改善声环境、保障空气质量。在此具体介绍后四项空间品质提升技术方案。

会议厅

顶棚莲花花瓣灯槽

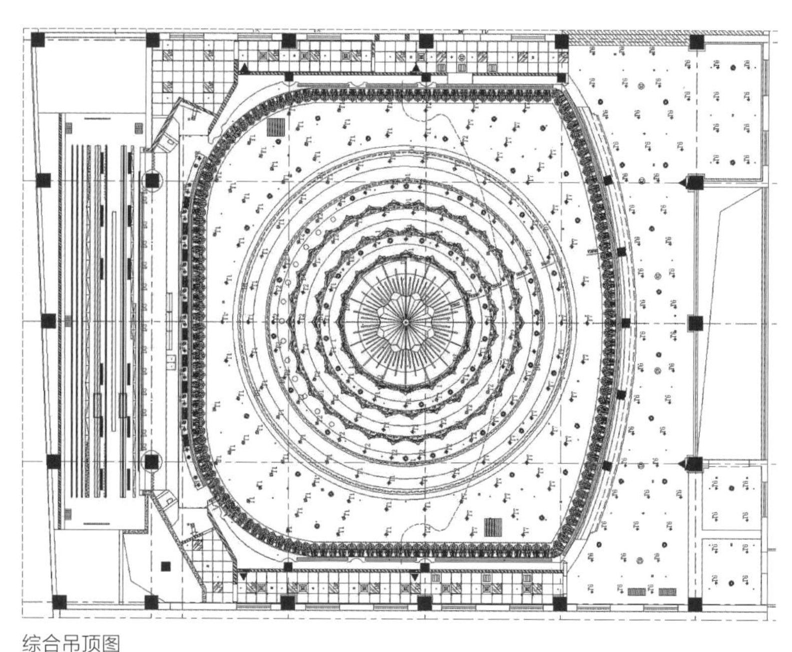
综合吊顶图

主席台后区沿墙的送风口

改善热舒适度

全国政协常委会议厅主席台是加建的部分，位于楼的北侧，下方为室外车行道，建筑外墙保温性能较差，且这个区域没有暖气，冬季时主席台较冷，而厅内空调送风，厅内座位又较热，与主席台的温差达到了 8℃。

经与暖通专业工程师一起勘测现场，发现了出问题的原因：原空调系统是一个机组的全空气系统，分区域送风，虽然温度可以调节，但是无法分别控制风量，并且在过渡季节时供冷和供暖无法同时进行。

因此，设计方案是将整个会议厅分为 4 个区域，主席台、池座前区、池座后区和楼座区分别供暖。主席台区域因为加建在地下车库通道的上方，受室外环境温度影响较大，现状是在一端设置了喷口，送风情况不好，风速大会吹人，风速小作用弱。因此首先在北侧的外墙内增加一道保温内墙，风管沿着声桥延伸到另一端，实现两端送风，改善送风环境。同时，在主席台区域的木地板下方增设了一组风管，利用后排座位地面的升起采取地面送风的方式，设置多个风口，用较低的风速解决冬季较冷和夏季较热的问题，提高舒适度。池座前区是 11m 的高空间，风管在吊顶内部，采用旋流风口将风高速吹下，为主体空间提供合适的温度。池座后区的风管位于楼座下方的吊顶内，高度只有 2.4m，因此风口采用圆形散流器，避免冷、热风直吹到人。楼座区域位于空间的最高点，空气流动性差，热空气汇聚在这里，所以不仅设置了一路可调风量的风管，还采取了两个措施：一是将会议厅空间中的回风口集中设置在后墙与吊顶交接一侧，加强这个区域的空气流动；二是增设一台 VRV 机组，可以单独调节温度和风量，尤其是在其他空间供暖时可以提供冷风，灵活地调整楼座区域的温度。

改善空间照明

经过现场多点检测，常委会议厅整体照度不足，仅为 250 ~ 280 lx，显得较为昏暗，容易使参会人员感到困倦。空间照度提高的准确性依赖于设计中的照度计算、灯具选型和现场的安装调试。

会议厅原墙面是浅橡木色吸声板，新方案改为米黄色吸声壁布和聚酯纤维吸声毡，不提高墙面的光反射率，以避免出现眩光现象。对拆除的灯具进行研究之后，选用了新型 LED 光源，增加光通量。

在电视转播的情况下，池座和楼座区域的桌面照度在 600 lx 比较合适，主席台区域的照度要提高到 1000 lx。为了实现良好的转播效果，需要设置专业的舞台灯光，尤其是面光和耳光。以前是在楼座两端临时搭建投光灯，因为高度低、角度直，产生了眩光，面部的立体感不好。本次施工修改了台口的位置和造型，增加了一道耳光，并结合吊顶的造型增设了一道面光。只有通过多种照明方式的组合，才能获得最佳的照明效果。

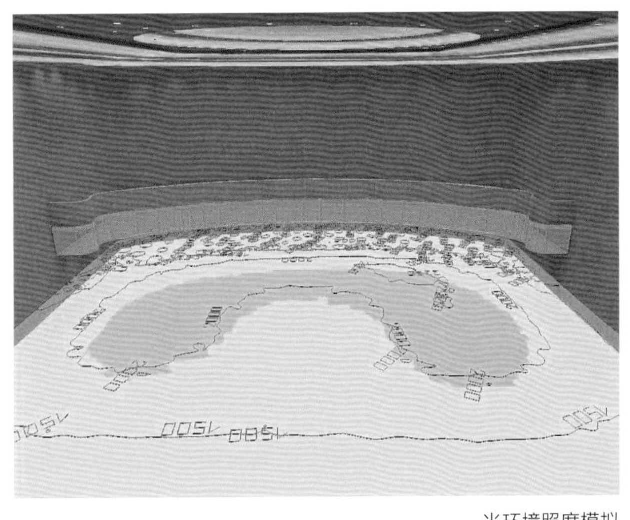

光环境照度模拟

光环境照明模拟

突出墙面的环绕音箱

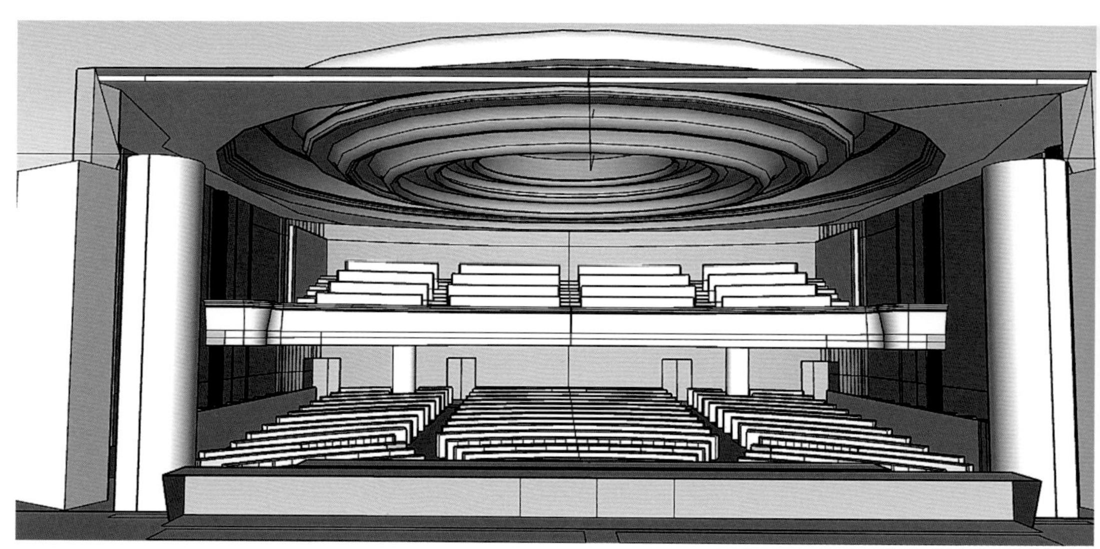

声学模拟的空间模型

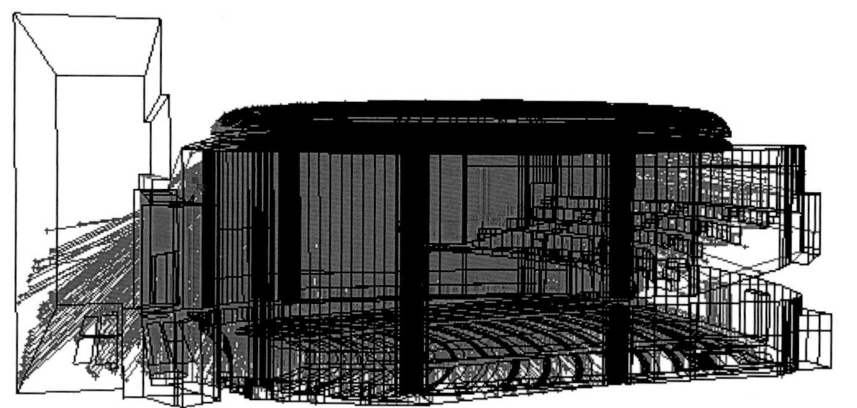

GRG 顶棚反射声能

Rec. no.	63	125	250	500	1000	2000	4000	8000
1	1.12	1.04	1.23	1.25	1.33	1.21	0.95	0.61
2	1.09	1.02	1.19	1.17	1.24	1.18	1.02	0.73
3	1.10	1.04	1.22	1.22	1.31	1.28	1.10	0.71
4	1.17	1.07	1.24	1.25	1.32	1.24	1.07	0.72
5	1.11	1.06	1.23	1.23	1.28	1.19	1.04	0.75
6	1.13	1.05	1.24	1.29	1.36	1.37	1.26	0.72
7	1.11	1.06	1.21	1.18	1.25	1.21	1.08	0.69
8	1.09	1.01	1.18	1.13	1.19	1.13	0.98	0.69
9	1.08	1.02	1.18	1.19	1.23	1.17	1.02	0.75

混响时间模拟数据

改善声环境

在原来的声环境下，讲话时声音效果欠佳，并且侧墙和后墙安装的环绕音箱突出墙面，很不美观。声学测试之后，发现这是因为现状的侧墙面和后墙面全部采用了相同的木质吸声板，侧墙前区过度吸声，主席台区域缺少反射声，并且吊顶的石膏板较薄，吸收了大量的低频声音。与声学设计师商量后，决定将吊顶的石膏板改为 25mm 厚的 GRG 造型板，墙面的硬包板在前区不穿孔，在后区穿孔率为 30%，二层楼座的栏板向下倾斜 7°，提供池座反射声。经过计算机模拟计算，多次调整室内造型和反声、吸声材料的数量和位置，最终空场各点混响时间模拟分析值在 1.2s 左右。《剧场、电影院和多用途厅堂建筑声学设计规范》GB/T 50356—2005 取中间值 1.1s 左右，预期设计目标值、模拟分析值和规范值吻合，厅内吸声材料布置符合要求。同时，对早期衰变时间、总声压级、音乐明晰度、语言清晰度、侧向声能等指标都进行了模拟，均达到了使用要求。

保障空气质量

会议厅在装修完成之后的一个星期就要投入使用，所以保证室内空气质量非常重要。会议厅没有外窗，是一个封闭空间，空气流通性差，而大量的木饰面、地毯、家具都是释放有害物质较多的建材。因此设计在选材时先做空气质量预评估，严格控制装修材料的有害物质释放量。

室内空气质量预评估是一项较复杂的工作。以甲醛为例，按照《民用建筑工程室内环境污染控制规范》GB 50325—2010 的要求，办公楼室内空间的甲醛含量限值不大于 0.1mg/m^3。会议厅空间体积约 7000m^3，空气中甲醛总量控制应不大于 700mg。在《室内装饰装修材料——地毯、地毯衬垫及地毯用胶粘剂中有害物质释放限量》GB 18587—2001 中，甲醛释放量限值不大于 0.05mg/（m^2 · h）。按封闭 24h 考虑，会议厅面积约 805m^2，地毯、地毯衬垫、地毯用胶粘剂共同释放的甲醛为 0.05×24×805=966mg，仅地毯这一种材料的甲醛释放量就超过标准。虽然在实际过程中释放量会持续衰减，但是空间中还有木饰面、硬包、家具等，所以结果难以预料。鉴于这种情况，参考《北京城市副中心行政办公区工程室内装修用建筑材料有害物质控制技术导则》，导则将地毯、地毯衬垫及地毯用胶粘剂的甲醛释放量指标定为不大于 0.02mg/（m^2 · h），将木质家具的家具板、木饰面板的甲醛释放量指标定为不大

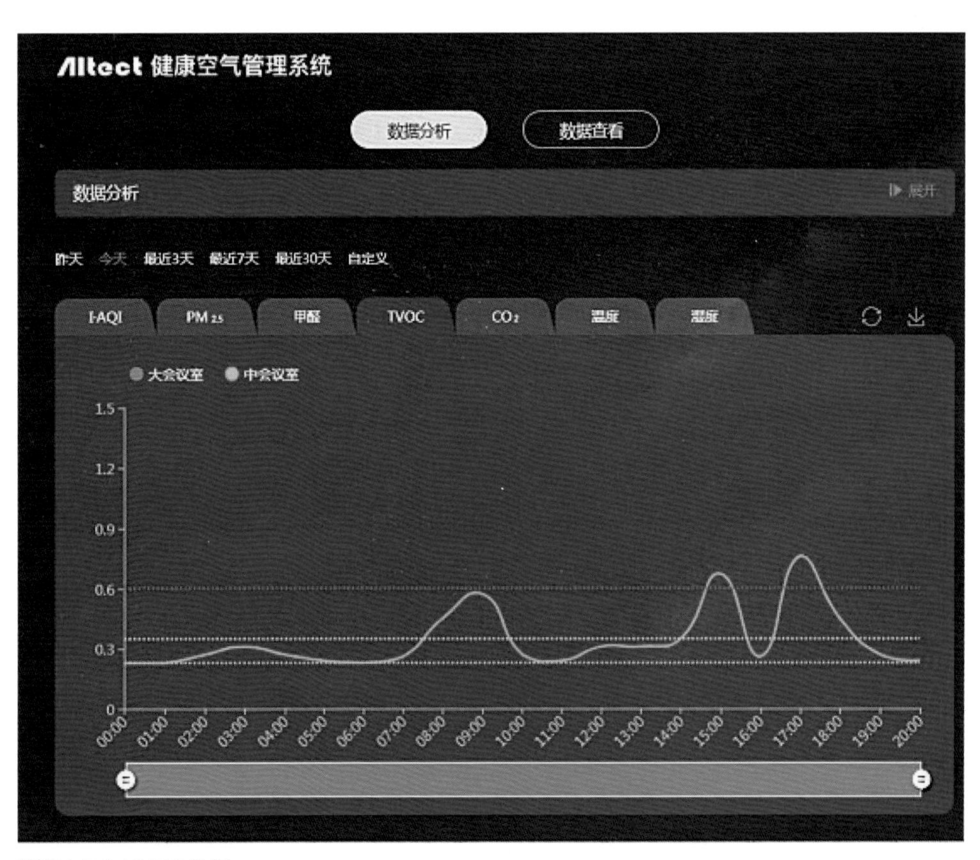

监测空气中 TVOC 数据

于 0.3mg/L，远低于国家标准规定的甲醛释放量指标（不大于 1.5mg/L）。同时，对织物、乳胶漆、石膏板、GRG、黏结用胶、木门等多种材料都提出了严格的要求，最终将装修材料的甲醛释放量计算总量控制在 800mg。同时，在施工过程中加强通风，且木器漆必须采用 UV 漆。

施工过程中，在现场安装了空气质量监测仪，24h 不间断检测空气中的甲醛、TVOC 的变化，随时观察数据，分析原因。

小会议室

中型会议室

装修材料的有害物质释放量控制表

材料类别	产品名称	检测项目	检验依据	限量指标	国标标准	生产工厂	检验依据	工厂检测数据
瓷砖、石材	陶瓷砖、天然石材	放射性	GB 6566—2010	内照射指数≤ 0.6 外照射指数≤ 0.8	内照射指数≤ 1.0 外照射指数≤ 0.12	东鹏瓷砖	GB 6566—2010	瓷砖内照射指数≤ 0.7、外照射指数≤ 1.0
						天津高时石业有限公司（天使米黄）		石材内照射指数≤ 0.36、外照射指数≤ 0.47
家具	家具板、木饰面	甲醛释放量	GB 18584—2001	≤ 0.3mg/L	≤ 1.5mg/L	北京雷鼎金刚装饰工程有限公司	GB 18584—2001	≤ 0.5
		TVOC (72h)	HJ 571—2001	≤ 0.20mg/(m^2 · h)	≤ 0.5mg/(m^2 · h)			
壁纸、壁布	壁纸、壁布	甲醛释放量	GB 18587—2001	≤ 10mg/kg	≤ 120mg/kg	宁波博艺装饰材料有限公司	GB 18587—2001	未查出
		钡		≤ 300mg/kg	≤ 1000mg/kg			6.3mg/kg
地毯	地毯	甲醛释放量	GB 18587—2001	≤ 0.02mg/(m^2 · h)	≤ 0.05mg/(m^2 · h)	威海海马地毯集团公司	GB 18587—2001	0.018mg/(m^2 · h)
		TVOC		≤ 0.10mg/(m^2 · h)	≤ 0.5mg/(m^2 · h)			0.098mg/(m^2 · h)
		苯乙烯		不得检出	0.4			BQL
		4- 苯基环乙烯		≤ 0.01mg/(m^2 · h)	≤ 0.05mg/(m^2 · h)			9.920×10^{-3} mg/(m^2 · h)
地毯衬垫	地毯衬垫	甲醛释放量	GB 18587—2001	≤ 0.02mg/(m^2 · h)	≤ 0.05mg/(m^2 · h)	杭州萧山恒祥橡塑厂	GB 18587—2001	未查出
		TVOC		≤ 0.10mg/(m^2 · h)	≤ 1.0mg/(m^2 · h)			0.072mg/(m^2 · h)
		苯乙烯		≤ 0.01mg/(m^2 · h)	≤ 0.03mg/(m^2 · h)			未查出
		4- 苯基环乙烯		≤ 0.01mg/(m^2 · h)	≤ 0.05mg/(m^2 · h)			未查出
地毯胶黏剂	地毯胶黏剂	甲醛	GB 18587—2001	≤ 0.02mg/(m^2 · h)	≤ 0.05mg/(m^2 · h)	广东绿洲化工有限公司	GB T27561—2011	0.05g/kg
		TVOC		≤ 3.00mg/(m^2 · h)	≤ 10mg/(m^2 · h)			0.05g/kg
		2- 乙基乙醇		≤ 1.00mg/(m^2 · h)	≤ 3mg/(m^2·h)			0.1mg/(m^2 · h)

工程竣工后，进行了空气质量检测：会议厅主席台区域空气中的甲醛含量是 0.06mg/m^3，东、西两个区域空气中的甲醛含量是 0.07mg/m^3，二层楼座区域空气中的甲醛含量是 0.05mg/m^3；苯、甲苯、二甲苯、总挥发有机化合物 TVOC 均符合《室内空气质量标准》GB/T 18883—2002。

全国政协常委会议厅投入使用后，获得了称赞，它给使用者提供了一个舒适、健康的空间环境。

某部委办公楼

项目地点

北京市东城区

工程规模

34000m^2

建设单位

某部委机关服务中心

设计单位

北京筑邦建筑装饰工程有限公司董强工作室

开竣工时间

2014 年 1 月—2015 年 5 月

获奖情况

2016 年北京市建筑装饰工程优秀设计奖、2016 年度中国建设科技集团优秀设计表彰奖

社会评价及使用效果

解决了原有的安全、流线、环保节能等问题，特别是在预算减半的情况下，做到了实用、经济、绿色、美观，成为名副其实的样板工程，为后续的部委改造提供了重要的参考，得到了业主方以及业界的一致认可及高度好评

首层大堂

首层大堂局部

设计特点

项目为国家级综合性办公楼建筑，建于 1995 年。建筑地下主体 2 层，地上主体 17 层，建筑高度 56.7m。建筑防火设计分类为一类（仅用于高层），耐火等级为一级。为满足自身政务和外事接待的需要，结合当今国内外同类机构办公空间的特点，从以下方面对其进行改造设计：一是以人为本，科学规划，功能优先，充分考虑到日常外事接待、外来访客与内部使用者三方面的需求，对办公布局、采光、通风、科技智能等方面进行改革与创新；二是充分利用楼宇现有条件，使功能分布合理可行，相互关联紧密，

节约空间；三是注重“实用、节能、安全、现代、功能、经济”的原则，紧密结合国家现行规范要求，打造现代办公典范；四是在设备设施的配置与选择上，考虑发展的需要，注重前瞻性，如在信息化管理和办公等方面适当超前，同时又要具备较好的可靠性和可维护性；五是重视安全环保，运用绿色环保的装修材料，尽量减少能源消耗，体现低碳节能观念，实现分区、分项计量，满足可持续发展的需要。

通过大气简洁的设计手法、端庄稳重的造型语言和严谨内敛的细节装饰，体现中正和谐的空间气质和文化内涵，打造国家最高文化行政机关应有的办公形象。以《周礼》中的“礼、乐、书、数”为核心设计元素：礼，即礼仪、方正、向上，为公共区域设计主题；乐，即交流、国学、文化，为接待空间设计主题；书，即智慧、思想、文化，为领导办公空间设计主题；数，即高效、节奏、便捷，为会议办公空间设计主题。改造工程整体秉承安全、实用、简洁、大方的设计理念。设计严格控制造价，限价设计，采用新产品、新工艺，既保证了实施效果，又大大节约了投资成本。

空间介绍

首层大堂

首层大堂及电梯厅是整栋建筑最重要的公共交通空间，同时也是办公楼的形象展示空间。大堂改造取消了原跑马廊，将原本两层的闲散交通流线移至电梯间东侧，使大堂空间形象更加齐整、开阔、大气。通过较为均衡的建筑语言，表现出一定的国际古典文化气质。在设计构思上，上为天，意在广大，表现形式多为无边的穹隆；下为地，意在承载，表现形式为基石、阡陌纵横；中为人，意在人文精神，表现形式为艺术画作。对应地，顶面采用白色铝板藻井造型，与照明及通风口结合；地面采用深浅两种米色石材，通过板块划分体现阡陌纵横感；石材墙面镶嵌着书法、绘画作品。

从绿色节能角度考虑，大堂灯光设计为智能控制多场景模式，满足迎宾、节日、办公、低照度等各种不同场景的需要；采用了地采暖形式；考虑到空间高度，顶面风口结合造型采用了感温式自动调节风口，保证送风效率的同时也满足了节能要求。

贵宾室（一）

贵宾室（二）

贵宾室（三）

大会议室

大会议室承载机关重大会议功能，面积 315m^2，可供 200 多人同时使用，所以将原空间位置外展，合并了原会议室前厅。原主席台位于靠出入口一侧，台上与台下流线交叉，改造后将台口移至远离出入口一侧，有独立的通道与左右两侧的贵宾室相连，很好地解决了流线交叉的问题。

大会议厅整体形象高大恢宏，强化两侧墙面壁柱，形成序列感，柱子造型延续首层大堂设计，实现造型手法上的统一。地面满铺地毯，通道处选用不同图案以指示交通方向。墙面与柱子除腰线以下容易磕碰的地方为石材装饰外，其余均是硅藻泥仿石材涂料，实现效果的同时兼顾绿色环保，又控制了成本。顶棚造型强化中心感，藻井中定制的云纹图案高晶顶棚在灯光的映衬下，提升了整个会议大堂的文化氛围。

大会议室

标准层走廊

标准层走廊改造保留了原有的水磨石地面，局部修补，整体见新；墙面为白色乳胶漆；顶面两侧为石膏板，中间为白色铝板，嵌装成品 LED 灯具。

原标准层走廊顶棚为平顶，标高不足 2.35m，长度长，采光不足，昏暗压抑。走廊梁底最低距地 2.7m，客观条件有限；水、暖、电各专业设备均在走廊走管，新增智能化系统还要增加管线。若所有管线翻梁，标高提高有限。为彻底改善走廊低矮昏暗的现状，顶棚改造方案为：走廊局部穿梁并加固，管线部分穿梁、部分翻梁；将最占空间的风管一分为二；所有管线两边沿墙布置。吊顶在梁间跌级向上，跌级顶标高为 2.85m，使用体验得到极大改善。跌级内为固定规格的白色铝板，方便拆卸检修两侧管线。

改造前的走廊

改造后的走廊

远洋集团
办公楼

项目地点

北京市朝阳区东四环中路 58 号

工程规模

6875m^2

竣工时间

2019 年 1 月

远景阁

开敞办公区

设计特点

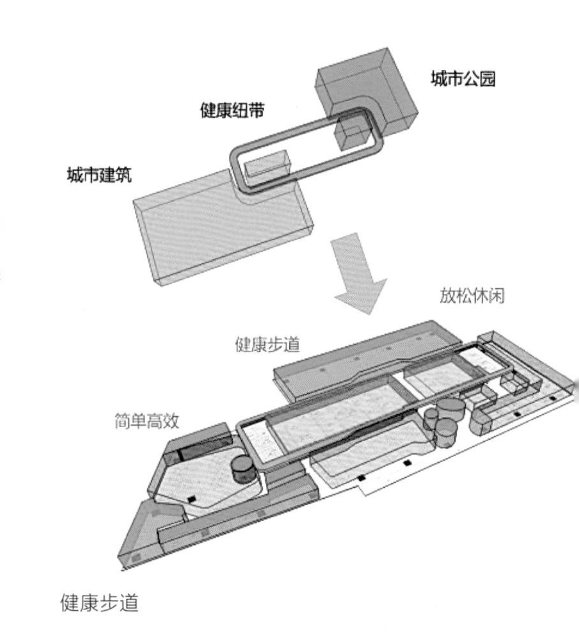

北京远洋集团总部改造项目旨在创造一个开放共享、健康绿色、提供人性化体验的办公空间，树立未来办公趋势与人性体验的双重标杆，成为能激发每个员工无限潜能的家。

在功能组织上，以采光、工作模式及窗外景色为依据，采用动静分区的划分原则，形成高管办公组团、员工办公组团、办公服务功能组团、休闲共享组团的平面分布，打造以人为本的舒适办公布局。在交通组织上，室内布局分为放松休闲、健康步道、高效办公 3 个功能板块，由健康步道串联另外两个功能板块。

空间介绍

开放共享空间

通过此次改造，重塑开放、共享、智慧的工作氛围。设计弱化了传统企业前台与背景 Logo 墙，用舒适的环境体验表达企业理念，在项目视线采光最好的区域打造员工的“城市花园”，引导员工交流、协作和分享。

颠覆传统隔间的办公模式，在光线视线最佳的区域设置员工的办公组团，在每个组团中设置会议室、电话间、洽谈室等共享功能间，鼓励员工以更加自由、开放、高效的精神交流分享。

公共休息区

会议室

健康绿色空间

项目绿植覆盖率达到 40%，在提高工作环境舒适度的同时，还能辅助调节室内湿度，并为每个员工提供无土栽培式菜园，提高员工幸福指数。

员工办公桌均设置电动升降桌面并加装可调角度的支臂，鼓励员工站立式、健康化办公。办公区照明定制暖色灯源，视觉感官舒适温暖，且区域色温可智能调控。

项目中主要交通流线均为橡胶运动跑道，贯穿各个空间。在 32 ~ 33 层设置了健康坡道，鼓励员工午休时散步运动，同时减少电梯使用量。

员工农场

贵宾室

远景阁

人性体验空间

在景观好的区域，设置了睡眠休息室、远望冥想室、健身房、阅读室等休闲空间，让员工在休息时体验如度假般的感受，增加员工的幸福感，从而激发更多活力。

交流区提供茶饮及简餐服务，家具的配色在考虑美学的前提下保证人眼舒适度，配合区域绿化整体提升空间舒适度，让员工幸福愉悦，让访客宾至如归。

领导办公室

公共休息区

此次总部办公改造是基于远洋集团“健康”品牌理念，结合WELL 铂金评分标准进行的办公模式的实践项目，以体验、服务、产品为载体，打造未来感、健康的办公新模式，实现人、环境、建筑之间的和谐。

远望室

会议室

电梯厅

百度国际大厦

项目地点

深圳市南山高新区粤海街道学府路南面，科苑大道西面，滨海大道北面。

工程规模

建筑面积 91 094m²

建设单位

百度国际科技（深圳）有限公司

开竣工时间

2015 年 12 月—2016 年 5 月

社会评价及使用效果

项目代表着我国高新技术企业的新风貌。百度公司 CEO 李彦宏表示，百度国际大厦建成以后，一方面将成为百度研发移动互联网技术的大本营，另一方面也将成为百度辐射国际市场的桥头堡。

大堂

设计特点

项目着重打造一个现代开放、时尚简洁、充满科技感的室内空间。在细节设计中突出人性化，给办公人员营造一个舒适的、充满亲和力的办公环境。空间中具有科技感的视觉体验，是对未来的一种展望，同时也是企业性质及发展方向的一种表现，以更好地树立企业形象，体现企业的行业地位。主要通过以下几方面来完成方案设计：

以“光”“探索”作为主要的设计思路，在空间探索中激发员工创造力。

结合建筑设计，重点突出员工的社交空间，倡导沟通。

运用智能的办公设计及先进的灯光技术，体现企业对未来的探索。

结合当地的地理环境和气候，引入绿色生态的办公理念。

运用中式文化元素，为整个空间注入文化内涵。

空间介绍

大堂

大堂中，电梯厅的设计让整个空间更富有穿越感，电梯轿厢设计为透明的胶囊形状，在高挑的大堂中上下流动穿梭，灯光的设计也更为简洁，与整体环境相呼应，提升了空间的科技感。空中走廊以弧线造型结合LED光带，显得灵动飘逸，从而引导来宾的视线透过天井看到大厦的“活力核心”部分，整个大堂色调以白色为主，配合线性光带及墙面实时信息大屏幕。

大堂局部

进入大堂空间，映入眼帘的是高耸的观光梯，它的墙面造型提取了百度 Logo 中的弧形元素，立面材料主要采用热弯夹胶玻璃、拉丝不锈钢及 LED 灯带，体现现代时尚感。空中走廊延续了弧面的造型，使用 GRG 材料，表面喷涂白色光感乳胶漆以及曲线形态的 LED 灯带，使大体量的空中走廊显得飘逸灵动。

观光梯

百度 Logo

走廊扶手外侧采用 1200mm 钢化夹胶艺术玻璃，内侧为 860mm 高拉丝不锈钢扶手固定在 150mm 高的地台上，既保证了安全性又保证了美观性。走道的侧板及底板采用钢龙骨干挂 GRG 做法完成侧板 150mm 半径弧面造型及 500mm 半径弧面造型。走道底板使用轻钢龙骨石膏板做出两条 200mm 宽的 LED 灯槽，将风口藏在灯槽侧面，保证了顶棚造型的完整、简洁。

电梯厅走廊

走廊设计整体突出光在空间中的引导及装饰作用。墙面为白色乳胶漆材质，结合金属分隔条，增加了竖向肌理，墙面可张贴各种企业宣传信息，员工也可以自由地绘画，增强了空间的互动性。墙面倒角与顶棚弧形造型呼应，同时兼具一定的交通指向功能。

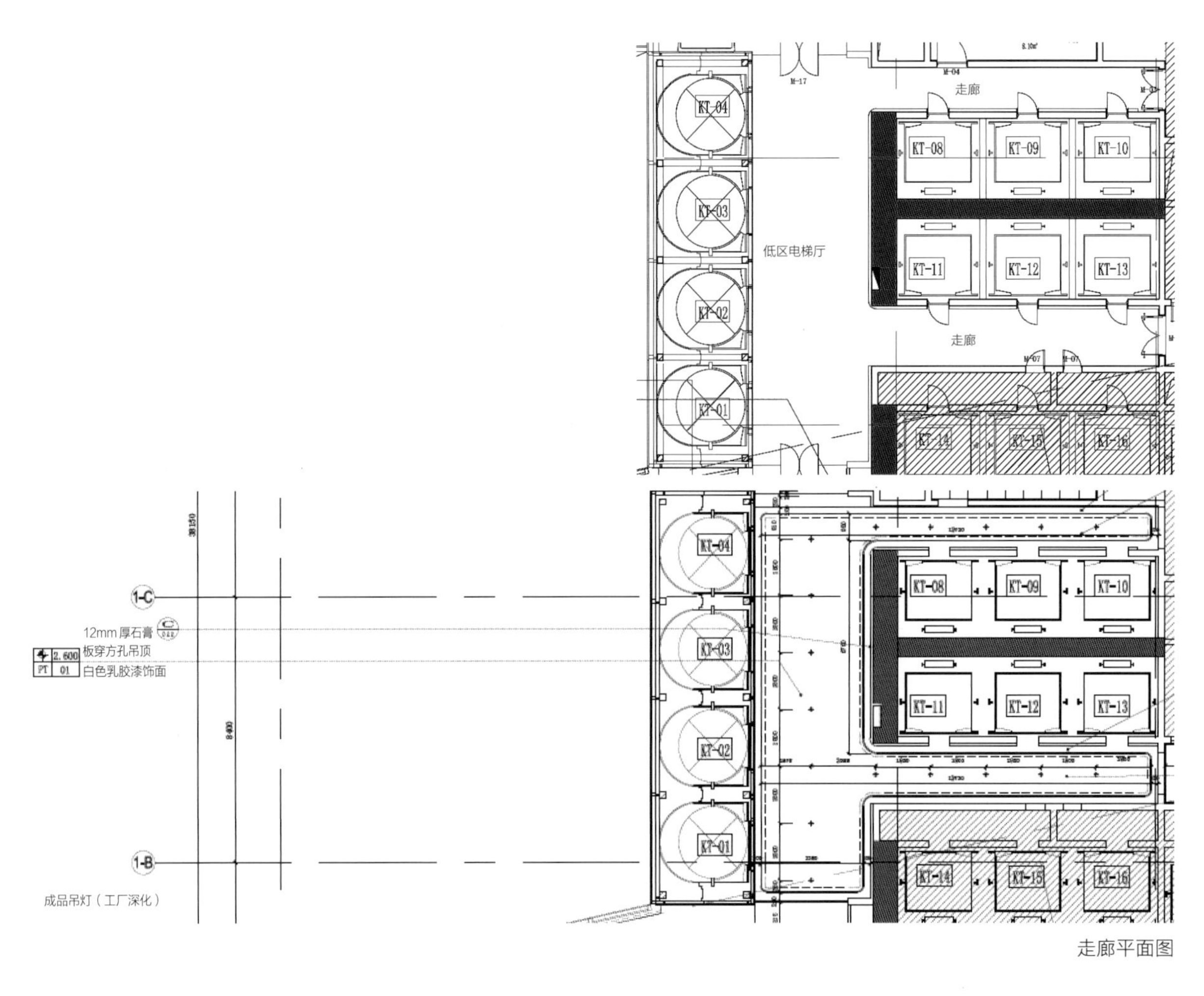

走廊平面图

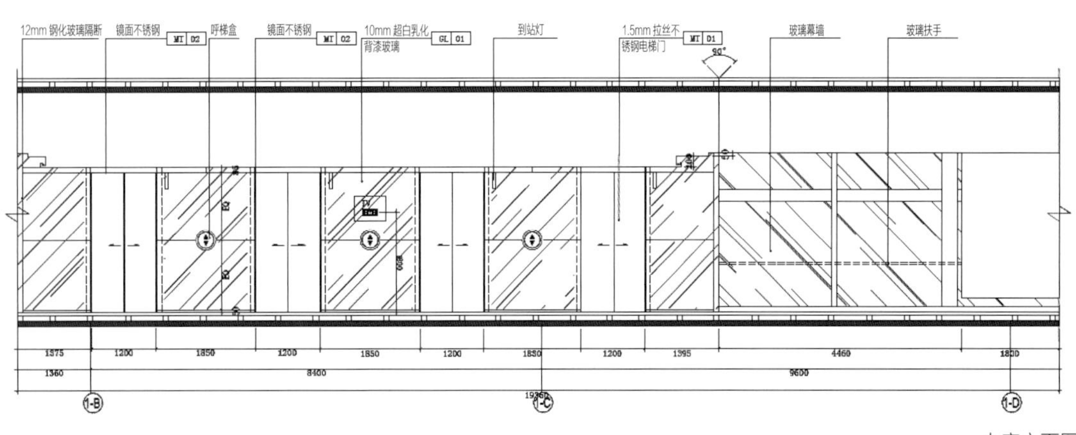

走廊立面图

走廊

在施工图阶段，电梯厅及走廊部分墙面的主要材料是 10mm 厚超白乳化玻璃，后来基于造价原因，项目实际应用材料为石膏板涂刷白色乳胶漆，在一定程度上减弱了空间现代科技的表现效果。顶棚采用轻钢龙骨石膏板，与墙面弧形转角相呼应，做了圆弧倒角灯槽，简洁又流畅。

电梯门的侧面有细节性的设计，结合电梯不锈钢门套，嵌入了可开启灯箱，灯光透过有秩序排列的小方孔呈现出来，显得更加生动。电梯厅顶棚为轻钢龙骨穿孔石膏板系统，表面涂刷白色乳胶漆，并设有灯槽。灯槽发出的光透过穿孔板打在乳白色背漆的玻璃墙面上，穿孔石膏板还使空间有一定的吸声效果。

公共休息空间

公共休息空间的设计注重色彩的合理搭配，项目在多个公共空间中加入简单合理的跳色，使整体色彩更分明，空间更舒适。在对空间进行色彩搭配时，注重不同空间的使用条件、区域划分，以满足现有空间的使用要求，提升空间的舒适感。

休闲家具的选择主要以异形为主，流动的线条灵动、优美，与空间的整体设计相辅相成。休息区的灯具采用环形吊灯，与家具呼应并使环境氛围更加轻松。

家具的造型采用圆角矩形或变形矩形做连续设计，与相应空间的造型呼应。家具底部做了拉丝不锈钢踢脚，与相应空间的墙柱面处理手法一致，同时又避免了放置在底部家具空间的物品返潮，具有一定的功能性。

公共休息空间（一）

公共休息空间（二）

公共休息空间（三）

安静休息空间

考虑到互联网行业及深圳办公环境的紧张状态，在空间设计时充分考虑营造更舒适的办公环境，因此在宽敞的走廊区域设置了可以短暂休息的空间，并设置了专门的睡眠区。这些人性化的设计，使办公空间更加舒适。睡眠区整体材料选择暗色调，地面的灯光设计结合睡眠区功能，呈现人睡觉时打呼噜的造型效果，有一定的趣味性。

休息区墙面造型结合人体工程学，采用异形倒圆角形态，内凹休息区墙面及四周采用软包材料，员工在这个空间可以短暂地休息放松。

安静休息空间（一）

安静休息空间（二）

首都博物馆新馆

项目地点

北京长安街西延长线上、白云路西侧，复兴门外大街 16 号

工程规模

63390m^2

社会评价及使用效果

首都博物馆新馆是一座拥有最先进设施的现代化综合性博物馆，是北京市政府投资兴建的面向 21 世纪的大型现代化文化设施，也是新世纪北京市标志性建筑之一。于 2005 年 12 月开始试运行，2006 年 5 月 18 日正式开馆，以其宏大的建筑、丰富的展览、先进的技术、完善的功能，成为一座与北京“历史文化名城”“文化中心” 和“国际化大都市”地位相称的大型现代化博物馆，并跻身“国内一流，国际先进”的博物馆行列

首都博物馆新馆

工程简介

首都博物馆新馆建设用地面积 24800m^2，总建筑面积 63390m^2，分为地下 2 层、地上 5 层，北部设计了绿色文化广场，东部设计了下沉式竹林庭院。建筑物（地面以上）东西长 152m，南北宽 66m 左右，建筑高度 41m。建筑外形主要由矩形围合结构、椭圆形外立面和金属屋顶三部分组成。

首都博物馆新馆不仅是重要的文化设施，也是北京地区文物保护、文物研究与面向公众和广大青少年传播爱国主义精神、历史及科学知识的基地，还是北京市举办礼仪和庆典活动的重要场所，是人民群众旅游和休闲的理想去处。

中央礼仪大厅——面积约 2000m^2，高 34m，其装饰特点为中国文化特征突出，现代气息浓郁，是举行礼仪活动和大型文化活动的理想场所。

展厅——不同类型的展厅相对独立，既便于观众有选择地参观以缩短参观路线，又便于安防管理。展厅宽阔且有足够的高度，为丰富多样的展陈设计提供了理想空间。约 3000m^2 的临时展厅为国内、国际文化艺术交流提供一流的展示平台。智能化温湿度控制系统、安防消防系统，为举办珍贵级别的文物展提供了条件。

文物库房——面积充足，分隔合理；安防消防设施先进、完备；拥有 10t 液压电梯，文物运输车可从地面运到地下二层库房，为目前中外博物馆所独有。

多功能会议厅——具有多语种同声传译、数字电影播放、会议表决系统、会议厅专用网站等国内最先进的设施。

数字放映厅——超宽视角弧形银幕，可播放高清晰数字影片，建成时设备分辨率为国内外最高水平。

设计特点

首都博物馆新馆主张运用现代的设计手法、技术和构建方式搭建博物馆建筑的主体，而在材质质感、细节工法上与中国古典建筑、器物的材质、纹样、工法建立某种联系，以实现对中国古典文化的继承。既要在空间构建上把现代建筑设计理念贯穿始终，保持足够的建筑完整性；又要在细节处理上细致考究，反映博物馆深厚的历史文化根基。在既成的建筑空间内，室内设计工作如下：第一，对空间界面进行梳理，形成清晰的空间层次；第二，深化落实“铜筒”“木盒”“砖墙”以及其他部位的用材和做法；第三，合理规划使用功能，让博物馆在管理、使用两方面都适用、便捷；第四，系统化地丰富细节，在精致考究的细节中体现博物馆的浑厚内涵和独特韵味。

空间介绍

建筑内部分为 3 栋独立的建筑，即矩形展馆、椭圆形专题展馆、条形的办公科研楼，三者之间的空间为中央大厅和室内竹林庭院。自然光的利用、古朴的中式牌楼、下沉式的翠竹庭院、潺潺的流水，为观众营造了一个兼具人文和自然情调的环境。

中央礼仪大厅

首都博物馆新馆的建筑理念是“以人为本，以文物为本，为社会服务”，强调“过去与未来、历史与现代、艺术与自然的和谐统一”。设计源自于“博物馆是联系历史、现代和未来的场所”的理念，将传统的材料与现代的材料并置，来表达历史与未来。倾斜的青铜体破墙而出，生出文物发掘的意象；悬挑的大屋顶影射了中国传统建筑的出檐，悬挂式框架砖墙模糊了古代城墙与现代幕墙的界线；广场的起坡取材于皇家宫殿的高台建筑，烘托了博物馆建筑的宏伟。简洁的矩形平面与北京的城市格局相协调，非对称的形体呼应街道转角空间。建筑采用的青铜、木材、砖石等传统材料代表北京悠久的历史，不锈钢顶棚、玻璃幕墙和先进的建造技术表现新北京的现代气息。北广场和大堂地面所用石材，产于自古以来为营造北京城供应石材的房山地区；方形展厅的外装饰，采用北京最常见的榆木；椭圆形展厅的外装饰采用青铜

中央礼仪大厅

材料，并饰以北京出土的西周时期青铜器的纹样。钢结构顶棚、玻璃幕墙等高大空间和通透的视觉效果顺应了当代建筑的国际流行趋势。

阳光大厅，四季竹院，将景观空间引入了博物馆。室外下沉竹园延伸至室内，打破了传统博物馆空间封闭、沉闷的感觉，营造了开放、温馨、明亮的文化休闲环境。园林与文物展厅之间的时空交错，表现出特有的东方艺术魅力。

材料选择上，地面为花岗石、花岗石（大理石）踢脚，陶砖墙面，钢结构顶棚铝板吊顶，玻璃幕墙，倾斜的青铜体为青铜装饰板。

工艺方面，地面采用了灰色花岗石，有垫层处为 50mm 厚 C20 细石混凝土垫层；花岗石（大理石）踢脚高度为 100mm；墙面做法为干挂陶砖，用龙骨和挂件把陶砖固定在主体结构上；铝板吊顶的施工流程为顶棚标高弹水平线→划龙骨分档线→安装水电管线→安装主龙骨→安装次龙骨→安装罩面板→安装压条；青铜装饰板墙面用于椭圆体，阳光在斑驳的铜筒表面不断地变换轨迹。

手绘草图

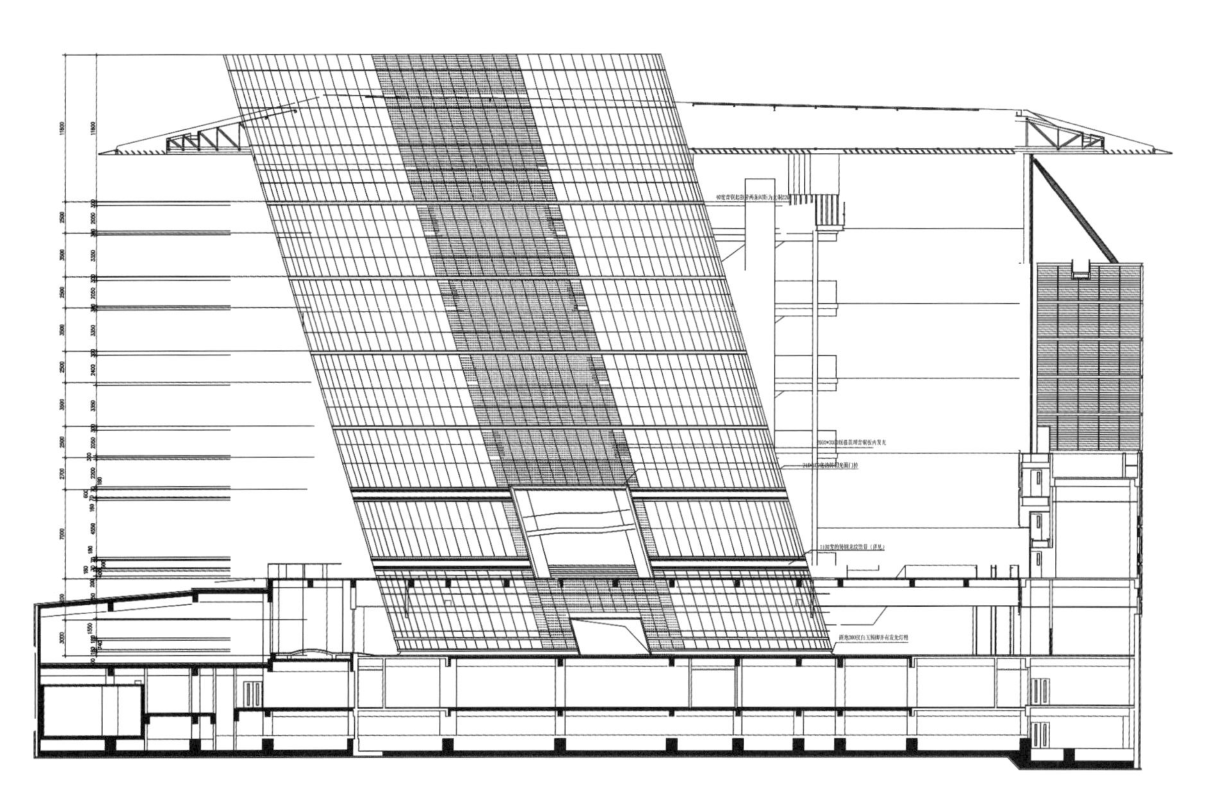

青铜饰面板材料排布及表面铸铜装饰纹样

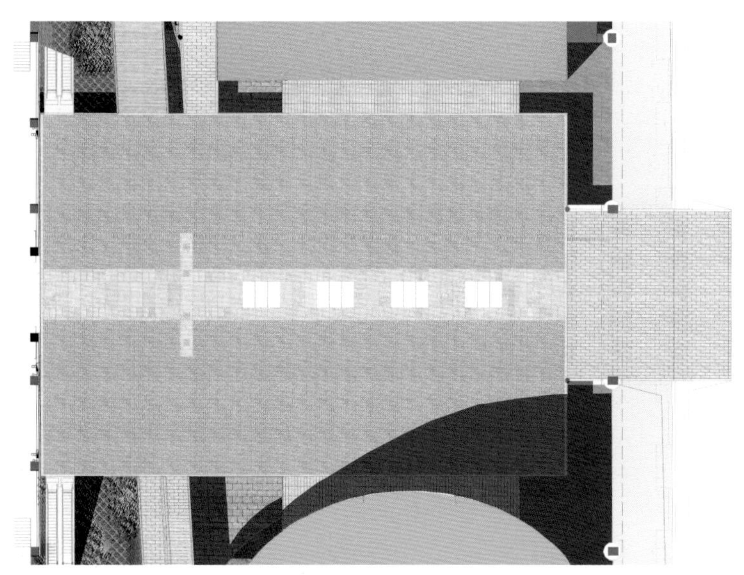

中央礼仪大厅平面图

地面铺装

展陈空间

首都博物馆新馆中有两个相互独立的展示空间。一个是外形平面呈椭圆形、高40m、倾角约 17° 、周边长 100m 的斜面展厅。设计师在最初阶段就确定了这个建筑单体表面为青铜板饰面，采用这一形式是为了表现中国传统青铜文化的魅力。传统青铜工艺都局限在器物造型方面，与建筑的结合在我国是首次尝试。尽管我国在清代也有纯铜的建筑，但却是仿木结构形式的。

另一个综合展示空间是一个呈长方体、高 34m 的“盒子”，以实木板做饰面，选用榆木复合板材展示肌理的质感，不做任何装饰，没有传统木构建筑的彩画、斗栱、雕花。虽然没有采用任何传统的装饰手法，但仍会让人们体会到传统文化的渗透，它质朴、简约与厚重的质感以及单纯的设计形式给人以强烈的感受。

展厅入口

新馆的展览陈列以首都博物馆历年的收藏和北京地区的出土文物为基本素材，吸收北京历史、文物、考古及相关学科的最新研究成果，借鉴国内外博物馆的成功经验，形成独具北京特色的现代化展陈。

首都博物馆的定位决定了其展览的构成——基本陈列、精品陈列和临时展览。

基本陈列有“古都北京 · 历史文化篇”“古都北京 · 城建篇”“京城旧事——老北京民俗展”，它们是首都博物馆展陈的核心，表现了恢宏壮丽的北京文化及不断递升并走向辉煌的都城发展史，成为创建国内一流博物馆的品牌陈列。

精品陈列有“古代瓷器艺术精品展”“燕地青铜艺术精品展”“古代书法艺术精品展”“古代绘画艺术精品展”“古代玉器艺术精品展”“古代佛教艺术精品展”“书房珍玩精品展”。这 7 个馆藏精品展览和“京城旧事——老北京民俗展”是对北京文化展陈的补充和深化。

首都博物馆作为一座现代化的综合博物馆，必将为丰富广大人民群众的精神文化生活、开展对外文化交流以及建设首都北京的社会主义文化不断做出新的贡献。

北立面对头龙铸铜纹饰

东西立面对头龙铸铜纹饰

艺术设计后的铜桶上部铸铜纹饰

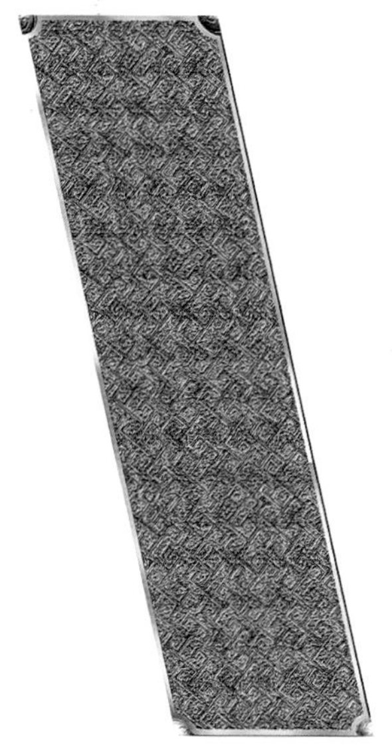

4cm 光铜带

铜钉纹饰

勾连云雷纹

艺术设计后的铜板纹饰

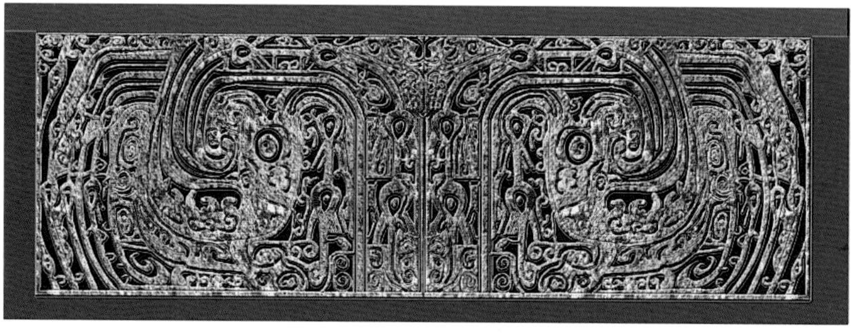

西立面青铜门饰

艺术设计后的青铜纹饰

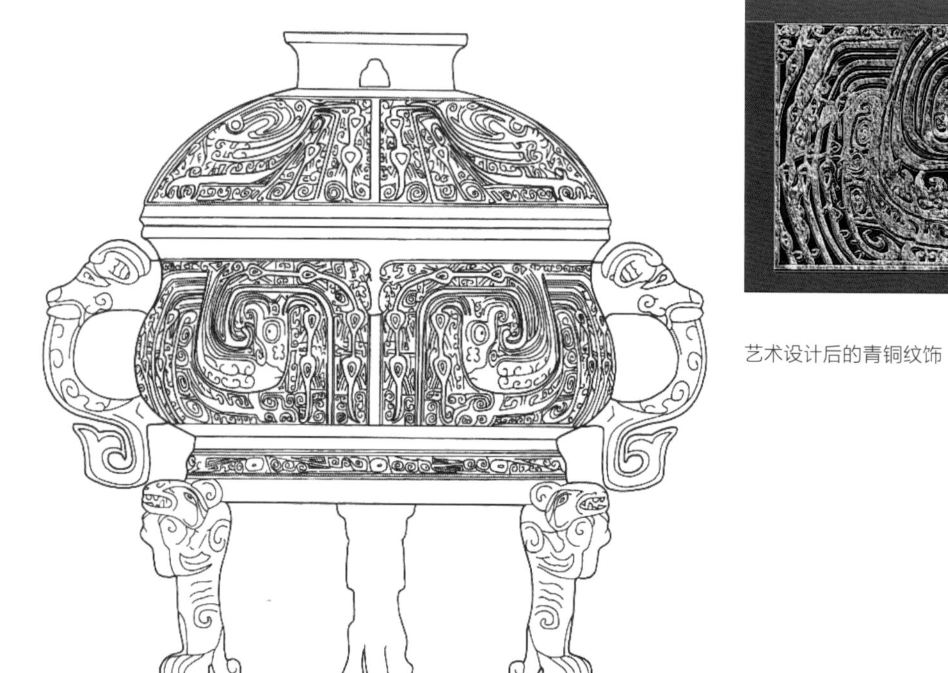

攸簋，器的纹饰为长尾大鸟，鸟纹空间为雷纹

长方体展厅

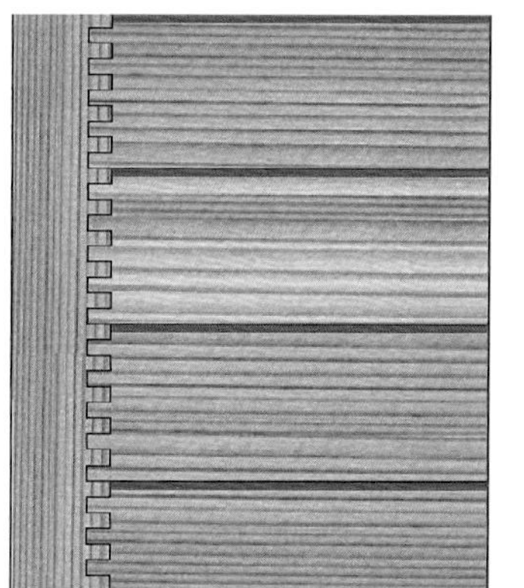

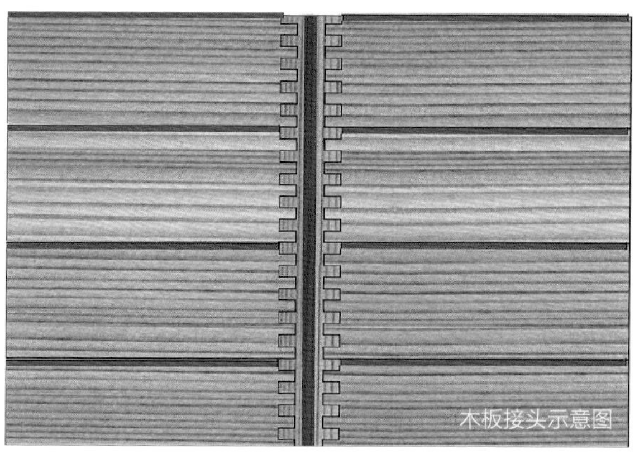

木板接头示意图

木板接头

昭君博物院新馆

项目地点

内蒙古呼和浩特市南郊

工程规模

15500m^2

社会评价及使用效果

新馆由匈奴历史文化馆和昭君出塞陈列馆两个常设展馆组成。昭君博物院是内蒙古自治区重点打造的呼和浩特市首个 AAAAA 级品牌文化旅游风景区，也是内蒙古自治区成立 70 周年之际向世界呈上的一张历史文化名片

外部实景

空间介绍

匈奴历史文化馆

匈奴历史文化馆是世界首座记录匈奴历史的博物馆，此馆位于昭君博物院新馆西侧一、二层，展陈面积约 3000m^2。展览充分利用建筑斜墙结构，最大化地利用了室内空间，满足展陈设计的需求。运用国内外先进的科技、声光设备和新的设计理念，以 2600 多件匈奴汉代文物为基础，通过一系列油画、场景、雕塑、文献等表现形式，生动地展现了一个草原游牧帝国的辉煌历史和灿烂文化。

展厅入口，一匹腾云飞驰的骏马，随岁月远去，连绵起伏的群山，草原的一抹绿色，都刻画出了这一马背上的民族以前的生活环境。

展陈空间根据历史年代和选取元素的不同而各有特色。

匈奴是中国古代北方的重要游牧民族，其诞生的摇篮，在今内蒙古自治区大青山一带，是我国第一个建立起国家的边疆民族。在讲述匈奴起源的内容时，整个空间以淡化的大青山为背景，并将山体轮廓曲线抽象为空间的主要视觉语言，展现匈奴的兴起。

鸟瞰效果图

展厅入口

展陈空间——匈奴的兴起

展陈空间——匈奴雕塑

展陈空间——匈奴印信

“秦汉时期匈奴与中原”展厅，以长城砖墙的结构作为展陈形式，时代鲜明，独具特色。

展陈空间——秦汉时期匈奴与中原

展陈空间——秦汉时期

展陈空间——西汉时期

展陈空间——东汉时期

西汉时期，匈奴内部争斗不断，损失惨重，呼韩邪单于在汉朝的帮助下，重新统一了匈奴，从此愿守北藩，累世称臣。展陈以雕塑为主，有很强的视觉冲击力。

东汉初期，匈奴内部矛盾日益激化，匈奴分裂为南北两部，北匈奴最后被迫退出蒙古高原，西走中亚，即匈奴西迁。而南匈奴入塞，逐步加入民族大融合。大型青铜浮雕展现了这一历史事件。

展陈空间——狩猎

展陈空间——手工业

展馆二层，用“匈奴族的一天”大型系列场景展现匈奴的经济与文化，如畜牧业、狩猎业、手工业及原始信仰和祭祀等，栩栩如生，生动传神。

在博物馆展陈专业设计方面，照明设计、文物展柜设计都有独特的构思，为展陈空间氛围的烘托和文物的展示起到点睛的作用。

照明设计

展柜设计

“故里闺中”展厅

昭君出塞陈列馆

在中国历史上，王昭君为了民族团结，自愿请行出嫁匈奴，使汉匈两族之间获得了近半个世纪的和平。昭君出塞陈列馆形象地展示了 2000 多年前促进民族团结的友好使者王昭君出塞和亲的历史，也见证了汉蒙文化融合的发展历程。此馆位于昭君博物院新馆东侧一层和二层，展陈面积约 3000m^2。

展陈内容分为“故里闺中”“汉宫岁月”“草原春秋”“千古流芳”等单元，每个单元都有自己的主题和独特的空间视觉语言。

首先进入“故里闺中”展厅，以江南民居的建筑造型作为展墙基础，整个空间清新淡雅，有一种“青山隐隐水迢迢，秋尽江南草未凋”的味道。

“昭君故里”建筑展示

“昭君故里”室内展示

“昭君故里”庭院展示

“汉宫岁月”展厅

《昭君出塞》壁画

而进入“汉宫岁月”展厅，仿佛置身于汉代的宫墙之内，红黑色调，光线渐暗，表现宫中岁月的压迫、束缚之感。

《昭君出塞》大型壁画生动再现了当时出塞的场景，路途漫长，浩浩荡荡，开拓新的人生之路。

人物刻画（一）

昭君出塞和亲在汉匈朝野上下引起了巨大反响。有史为证：这一年，汉元帝下诏改元为竟宁，“竟宁”即“给边境带来和平安宁”之意。匈奴方面，单于欢喜，封昭君为宁胡阏氏。“宁胡阏氏”即“给匈奴人带来和平安宁的皇后”之意。册封“宁胡阏氏”的场景也重点表现了这一盛况。

人物刻画（二）

微缩场景及风云变化的媒体手段，生动地再现了各时期关于青冢的传说和描述，给参观者带来直观的视觉感受。

翦伯赞曾说：“在大青山脚下，只有一个古迹是永远不会废弃的，那就是被称为青冢的王昭君墓。因为在内蒙古人民的心中，王昭君已不是一个人物，而是一个象征，一个民族友好的象征；昭君墓已不是一个坟墓，而是一座民族友好的历史纪念塔。”两千年来，王昭君这个历史人物在中国人民心中始终具有永不衰减的魅力，她给不同阶层的人们都留下了不可磨灭的印象。一组大型浮雕将一部“昭君文学史”呈现在观众的面前，得到了广泛的赞誉。

如今的昭君博物院是集展示、研究、交流、服务等多种功能于一身的综合性场所，承担着弘扬民族传统和历史文化、增进民族团结、构建新时期和谐民族关系的时代重任，宛如北方草原上一颗璀璨的明珠，成为名扬世界的旅游胜地。

新媒体手段展示大场景

大型浮雕

洛阳明堂、天堂

项目地点

河南省洛阳市老城区隋唐洛阳城国家遗址公园内

工程规模

明堂 9889m^2，天堂 13260m^2

明堂万象神宫大殿实景

工程简介

明堂原为隋唐洛阳城核心区的重要殿堂，现位于河南省洛阳市老城区，南临中州路，北临唐宫路，东临建筑机械厂，西临定鼎路，是洛阳隋唐城大遗址宫城核心区保护展示工程中的重要建筑。明堂高21.18m，宽 105m，外观为三层台基，层层收分，上为八角攒尖屋顶，内部共分为两层，建筑总面积 9888.92m^2, 室内设计 9300m^2。

天堂，又称天之圣堂，是隋唐洛阳城宫城内的一座重要宫殿，始建于唐（689 年），是一代女皇武则天感应四时、与天沟通的御用礼佛圣地，695 年被烧毁。新天堂是一座外形如塔的保护展示性建筑，在天堂遗址上修建，位于河南省洛阳市隋唐洛阳城国家遗址公园内，外观仿唐代建筑风格，内部为钢结构，外部贴饰紫铜。建筑面积 13260m^2，室内设计面积 7400m^2，建筑本身高度近 60m，加上两层台基和宝顶，总高度约 80m。2011 年，天堂遗址保护展示工程开工，2014 年 4 月 13 日天堂正式对外开放。

设计特点

明堂是唐代武则天时期的神都洛阳皇宫正殿，又叫万象神宫。它是儒家的礼制建筑，为古代帝王明政教之场所，凡祭祀、朝会、庆赏、选士、受贺、飨宴、讲学、辩论等大礼典均在此举行，是“至尊所居”和皇权的象征。室内设计定位于展现唐代的皇家气派、国家秩序以及当时经济文化所达到的高度。武则天的明堂是取光明照耀之意。明堂作为一处遗址保护博物馆，将发挥其保护展示、提升城市形象的作用，让人们了解历史，弘扬中华文化，满足人们日益增长的精神文化需求；同时重现唐代历史的明堂亦会吸引世人的目光，成为洛阳旅游国际化的典范之作。

天堂建筑外观 5 层、内有 9 层，明暗相间，一气呵成，象征着女皇九五至尊的无上地位。坛城是新天堂内部展陈的一大特色，展陈的平面坛城是中原地区不多见的藏式唐卡风格壁画。天堂整体的设计脉络为：首层遗址保护原则为以原始文物的良好状态真实地展现唐朝的遗风遗韵，引发观者对历史的思考；二层天堂印象主要运用现代的设计手法结合考古研究，令当今世人感受到唐代的繁荣昌盛、包容开放，重新体验到唐代的盛况；三至六层为文化展示区；七至八层为贵宾接待厅及专题展示；九层为天之圣堂，给人一种超现实的感官体验，追求一种超我的精神境界。

空间介绍

明堂二层——万象神宫

万象神宫为武皇执政大殿，为了展现唐代武则天施政大殿的气派和风采，室内设计将二层万象神宫地面中部的圆孔封闭，抬高中心皇帝宝座及周围地面的高度，并在这个高于地面的平台上再次提升高度。平台上摆放着宝座及陈设仪仗用品，与之相呼应的顶棚与层层高升的梁枋和八角形藻井，烘托着中心天光漫射的新颖简约的照明形式，以及璀璨的“盛唐之光”大型壁画装饰，组合形成大殿的视觉中心。

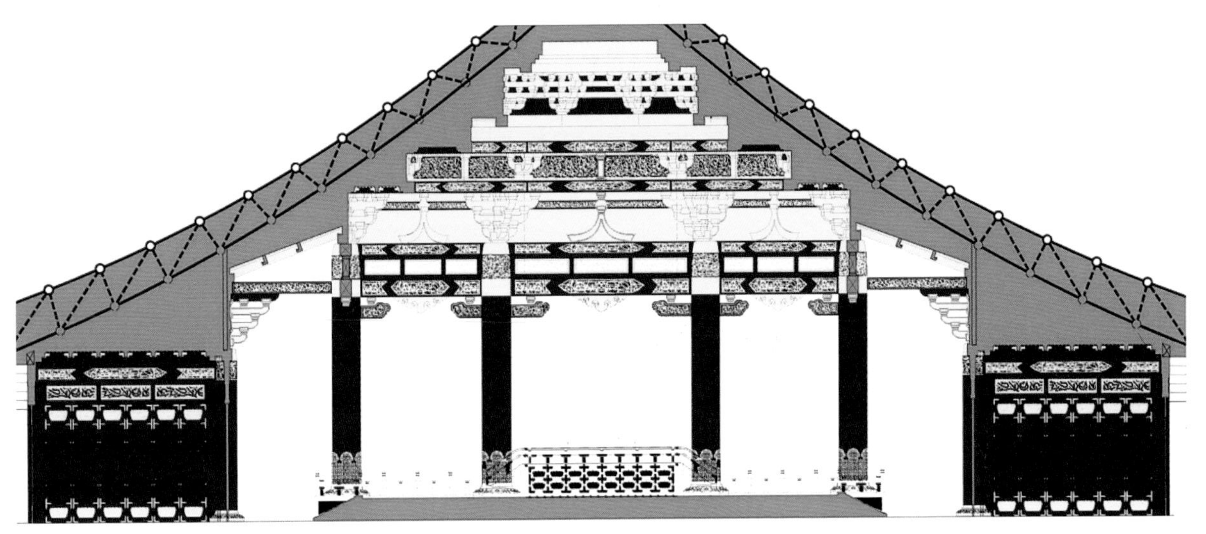

明堂万象神宫大殿剖立面

明堂万象神宫大殿顶棚

明堂中央遗址坑大厅

明堂一层——中央遗址坑大厅

明堂一层遗址坑大厅的结构钢架及玻璃地面悬架于遗址大坑之上。中央遗址坑大厅由 8 根金色圆柱及四方神屏风格栅等围合组织空间，四方神位于明堂遗址层中心遗址坑的四个方位，分别为东方神青龙、西方神白虎、南方神朱雀、北方神玄武。神像造型区别于广为人知的汉瓦当中凶猛的死神形象，选用并做出平和祥瑞的四方神图像，四周配以潇洒飘逸的云纹图案，增添了动感，外环为精致华丽的唐式边饰，采用玻璃喷砂结合线性刻画工艺，图案肌理有扩片效果，透与半透的变化丰富了四方神的层次，造型气韵生动、通透空灵，给人以美好愉悦之感。顶棚采用与玻璃地面相呼应的导光透明亚克力细棒，端头发光点形成 8 朵祥云，祥云环绕一周，创造出遗址大厅天地空灵通透、令人神往的诗意境界。

天堂一层——遗址层（一）

天堂一层——遗址层（遗址原貌展示）

天堂与明堂的展示模式是相同的，天堂一层为遗址坑。两层台基的内部是天堂遗址实物展厅，室内地面为玻璃地板或木栈道，游客走在栈道上，天堂及其周边散水、水渠、柱础、四周廊屋夯土基础等遗址的真实面貌便可一览无余，可以体验到厚重的历史感。遗址文物陈列、图片及多媒体等直观地展示了天堂的遗址原貌、发掘情况及历史背景，展览内容包括唐代出土文物、遗址、字画等，为遗址展示呈现提供了丰富的史学资料。

天堂一层——遗址层（二）

天堂二层——天堂印象（多功能会见大厅）

天堂印象为天堂的多功能会见大厅，可以满足举办各类活动、宗教法事及国内外重要人物接待交流的需求。通过装饰艺术、陈设艺术等细节，展现唐代生活方式，打造洛阳著名的高端多功能大厅形象。整体装饰设计主要运用现代的设计手法并结合考古研究，创造一种展示盛唐文化、艺术、习俗、生活的空间，形似更求神似。

天堂二层大厅

天堂二层——天堂印象顶棚

天堂二层多功能会见厅

天堂三层至六层——武皇礼佛（文化展示区）

三至六层为文化展示区，通过武则天与佛教发展的典故传说，展示佛教在洛阳的传承与发展，展现武则天、洛阳与佛教的深厚渊源。第三层设主题宗教故事展示空间；第四层设典藏佛学经典的藏经阁，以及高端的禅修空间；第五层主要展示洛阳当地优秀的佛教文化遗产，如白马寺、龙门石窟、玄奘故里等，为城市历史文化展示之窗；第六层设有用于宣传佛法、邀请高僧定期讲经说法的活动交流空间。

天堂三层释禅堂

天堂四层禅房

天堂六层环廊

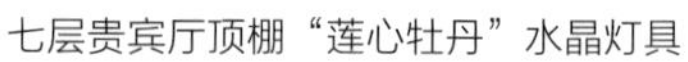

七层贵宾厅顶棚“莲心牡丹”水晶灯具

九层天之圣堂入口

天堂七层至八层——贵宾接待厅及专题展示

七至八层是贵宾接待厅和专题展示，通过复原盛唐皇家礼佛堂，让游客感受皇家礼佛的盛况。第七层还设置了隐性办公区域和接待休息区，满足天堂管理和接待的需求；第八层设有供养人凹龛。

天堂九层——天之圣堂

九层的天之圣堂，运用现代科技手段，加入声光等舞台技术，力主营造一个与神对话的心灵空间，打造一幅从未去过的天堂胜景，为游客带来全方位的超现实感官体验，进入超我境界，最终获得天人合一的感悟。

九层天之圣堂

北京天桥艺术中心

项目地点

北京市西城区天坛公园西侧

工程规模

100000m^2

建设单位

北京正光房地产开发有限公司

开竣工时间

2012 年 3 月—2015 年 3 月

外立面

设计特点

天桥，是老北京的象征之一。“酒旗戏鼓天桥市，多少游人不忆家”，清末民初的著名诗人易顺鼎在《天桥曲》中曾这样描述。在清代末年，天桥因商品交易市场的兴起而发展起来，面向平民大众，不仅仅为商品交换提供场所——商贩往来，络绎不绝；也为身怀绝技的劳苦大众提供展示本领的舞台——在电影《霸王别姬》中就有京剧班在天桥卖艺挣钱的场景。天桥，集文化娱乐和商业服务于一体，文商结合，互为促进，它的兴起不仅是一个经济现象，也是一个文化现象。

北京天桥艺术中心的设计，是著名现代建筑设计师张明杰根据其在北京城市文化中的地位及“文娱特点”构思出来的。在中国历史上，“红”意味着红红火火，是喜庆、欢乐的代名词。而黄色在古时只有天子可以享用，是皇权的象征，代表着独一无二的地位；对农民来说，黄色则意味着丰收。

整个艺术中心的外形仿造的是传统老北京四合院，但整体规模却更大，更显方正、宏伟、巍峨，与北边的“紫禁城”（故宫博物院）遥相呼应，凸显北京当地地域特色。剧场中心外部使用的建材是玻璃幕墙，晶莹剔透，颇有“东方卢浮宫”之感。剧场中心还搭建了一个京戏大舞台。京剧集徽剧、昆曲和汉剧三家剧所长于一身，是清代鼎盛时期文化交流、融合的重要成果之一，被视为中国的国粹，同时也是北京地区优秀戏剧的杰出代表。剧场中搭建的京戏大舞台很好地反映了天桥在北京城市历史上所发挥的作用。

入口大厅

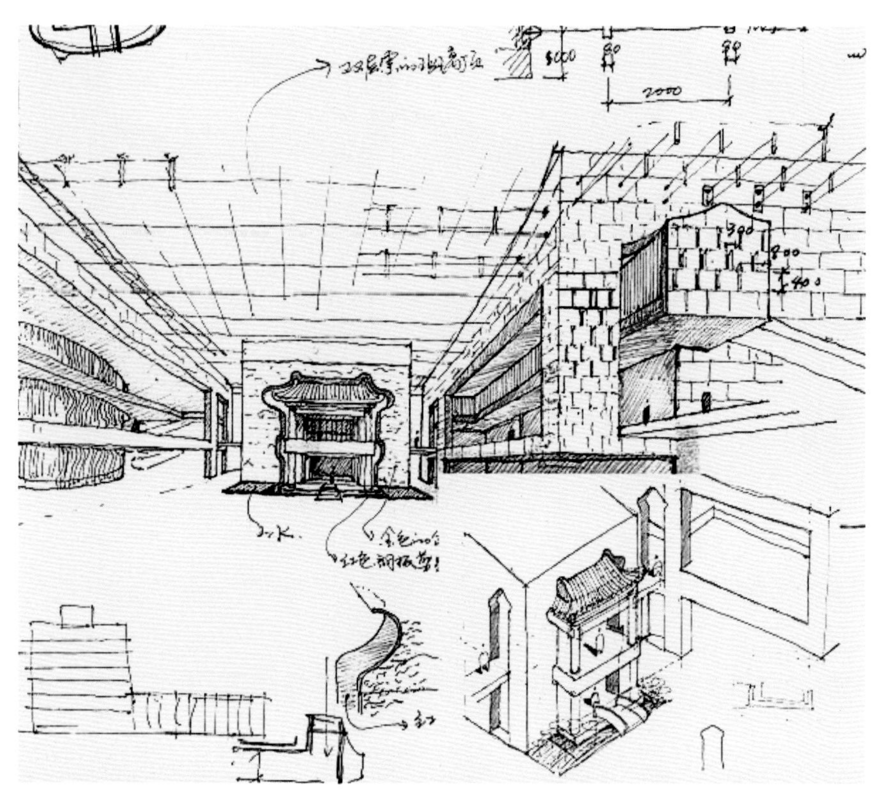

中古戏楼手绘稿

空间介绍

古戏楼大堂

天桥艺术中心主入口大厅中的古戏楼严格按照清式戏楼规制设计，全部采用传统材料及传统工艺，是公共区域室内景观核心点。古戏楼是天桥艺术中心的标志物，整体设计理念是经典传统。它以正乙祠戏楼为原型，规格是 12m × 12m × 3m，主体用钢结构搭建，覆仿木纹贴，绿色无污染。戏台位于大堂、300 座多功能剧场与 400 座实验剧场之间，是公共空间与小剧院之间的过渡空间，可举办小型演出、培训、展览展示和商业活动等。

天桥文化内街

设计师采用剪影和印章的概念，对天桥的天际线进行提炼，作为设计的要素之一。在照明设计方面，横向桥体以自发光形式处理，强调桥体形态；纵向桥体底面安装筒灯，为地面提供基础照明。内街顶部近 60m 长的巨型 LED 天幕使剧院公共空间与观众形成最直接的互动关系。天桥文化内街可以进行小型演出、展览展示和文化交流等。

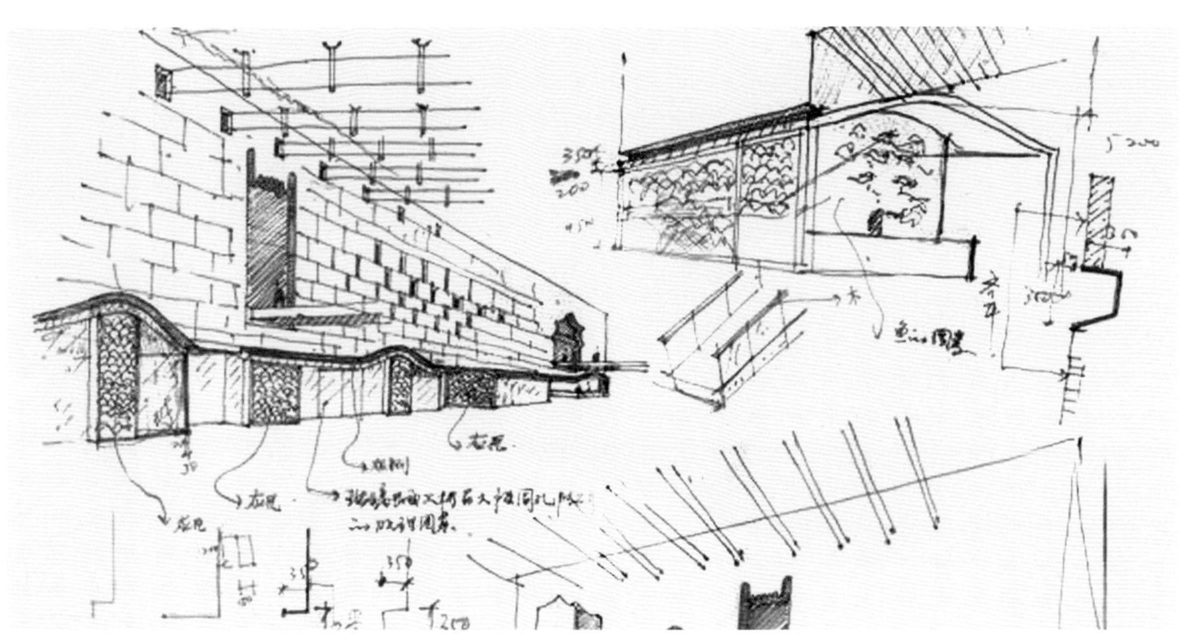

天桥文化内街手绘稿

天桥文化内街（一）

天桥文化内街（二）

1600 座剧院

该剧院以“云”为主题，耳朵的轮廓线实际上是天桥屋檐的剪影，具象的天桥轮廓逐渐幻化为抽象的声学界面。曲线 GRG 吊顶将整体动势与光等要素结合，波纹状的 GRG 墙面构成吸声与反射交互的墙面，曲线优美如流云。大剧场为北京地区首家为音乐剧演出量身打造的专业剧场。其设计大胆采用酒红色配合香槟金为主色调，体现出浪漫而华丽的形象气质，紧扣大剧场国际级音乐剧演出场所的定位；同时在细节上采用了抽象变形的中国传统建筑符号，适当予以点缀，为整体效果增加了一些东方气质。

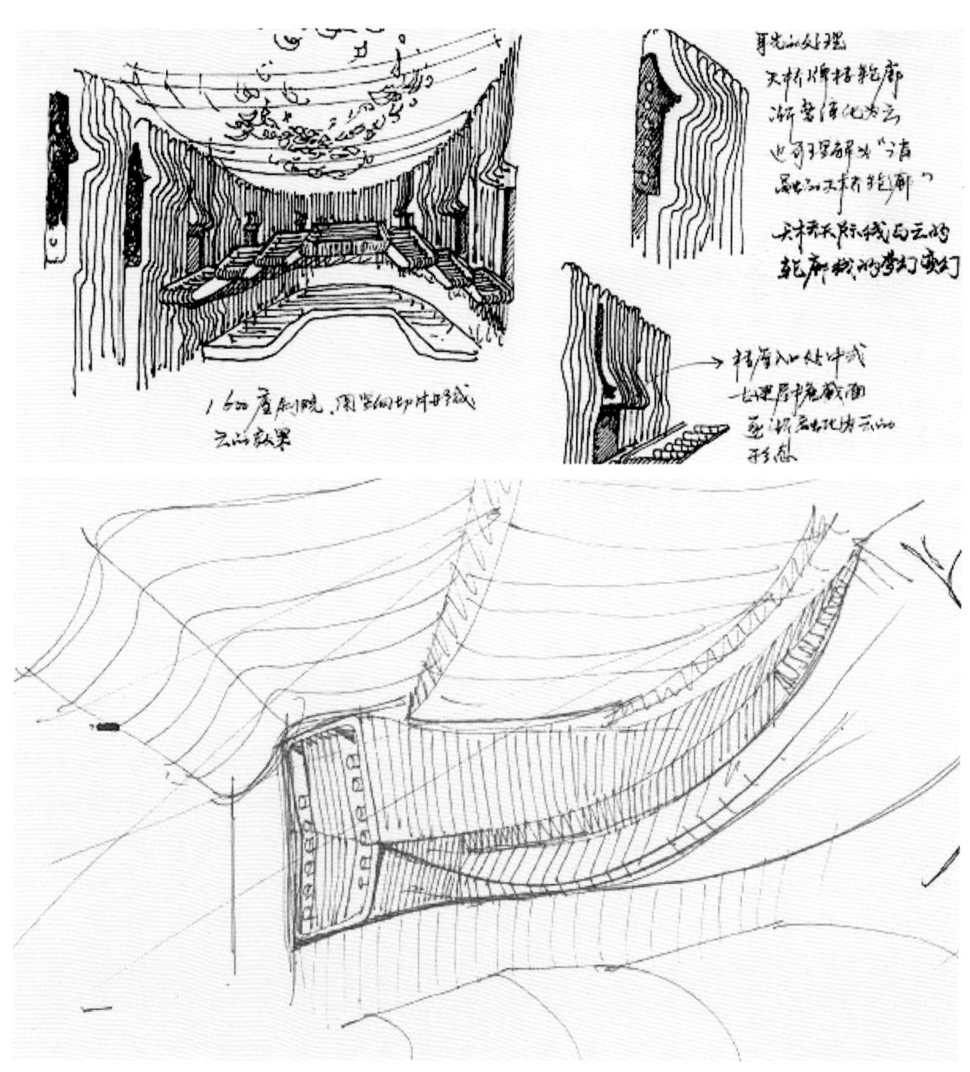

1600 座剧院手绘稿

1600 座剧院（一）

1600 座剧院（二）

1600 座剧院（三）

1600 座剧院（四）

1000 座剧院

400 座小剧场

1000 座剧院

该剧院以“雨”为主题，采用两段式，用竖线条表现雨丝的肌理。第二层池座部分是天桥古屋檐与古琴的渐变幻化形态。在两个剧场中，具象与抽象的渐变幻化成为主要设计语言，通过古今不同的影像变幻，展现“天桥印象”的含义。该剧场设计围绕艺人的道具箱理念展开，墙面大大小小的矩形体块隐喻了传统艺人深厚的艺术积淀。同时，装饰面的凹凸变化为剧场提供了良好的建筑声学环境。

400 座小剧场

定位为黑匣子剧场，在简洁、工业化的设计手法下，突出实验性剧场的特质。室内设计中反复出现的窗棂格元素在小剧场集中使用，使内外建筑语素产生互动，同时为实验性剧场增添了北京的地域标识性。

青岛秀场

项目地点

青岛市黄岛区星光岛东方影都

工程规模

16000m^2

建设单位

万达文化旅游规划研究院

前厅

设计特点

本项目设计主题为“金螺玉珠”，取意海洋元素（海螺、贝壳、珍珠等），将其升华、提炼为室内设计元素，运用于超人尺度空间的设计；同时，与建筑的金螺意向呼应。

细部设计上，将八仙法器作为原型素材，提炼、演绎出空间细部设计元素（如门把手、拦河、导向标识、灯具等），达到“睹物思人、见器不见仙”的意境空间。

空间介绍

前厅

一层墙面浪花般的白色 GRG 弧形墙面与地面流线纹理配合，形成水天一色的意境；二层以上墙面犹如巨大的贝壳表面镶嵌珍珠，与一层交相辉映，细节装饰对八仙法器符号加以提炼和演绎。

前厅局部（一）

前厅局部（二）

观众厅

观众厅

观众厅整体为深沉的色调。顶面为深灰色裸顶，观众席背墙为暗蓝色的水波纹曲线穿孔铝板，座椅选用渐变的深蓝色布艺面料，既能满足观演声学要求，又有深邃之海的意向。

贵宾接待门厅

VIP 服务区、VVIP 休息室

浅褐色的木饰面搭配丹青山水艺术壁布，营造现代、简约、低调、尊贵的雅致空间，体现当代东方美。壁灯与顶灯的细节更加锦上添花。

天津大学北洋会堂

项目地点

天津大学新校区位于天津市中心城区和滨海新区之间，主楼坐落于天津大学新校区的东端，新校区东西主轴线从项目用地中部穿过。项目用地南临校五路，西靠校十二路，北接校四路，东侧隔校十四路与校前广场和主校门遥相呼应

工程规模

总占地 2.5km^2，总建筑面积 1300000m^2，精装修面积 10845m^2

TIANJIN UNIVERSITY (PEIYANG UNIVERSITY)
1895
天津大学事业发展成就展
2010
~2015

入口大厅（一）

空间介绍

校前区建筑包括会议中心、文科组团、理科与材料组团等。室内精装部分位于会议中心内，主要功能房间有北洋会堂入口大厅、北洋会堂报告厅。

北洋会堂入口大厅

入口大厅 900m^2（包含两侧的休息等候区）。设计寓意为像树一样不断生长，保持活力，发展创新，四季更迭生生不息。通过对文化历史脉络进行解读，确定主旨为传承与沿袭。以年轮为设计主脉，贯穿各空间。空间功能为人员分流，文化展示区、

入口大厅（二）

建筑外观

入口大厅（三）

入口大厅（四）

电梯厅

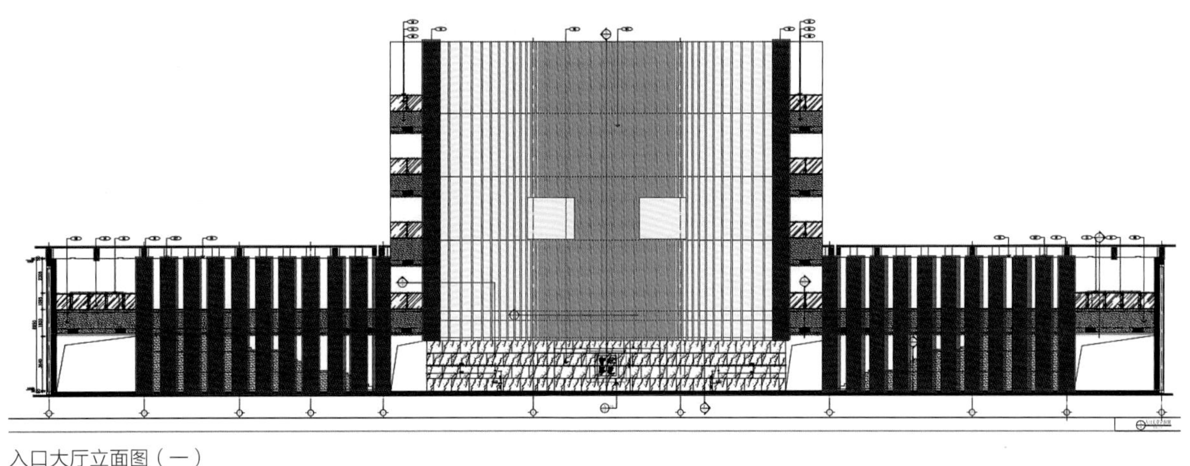

入口大厅立面图（一）

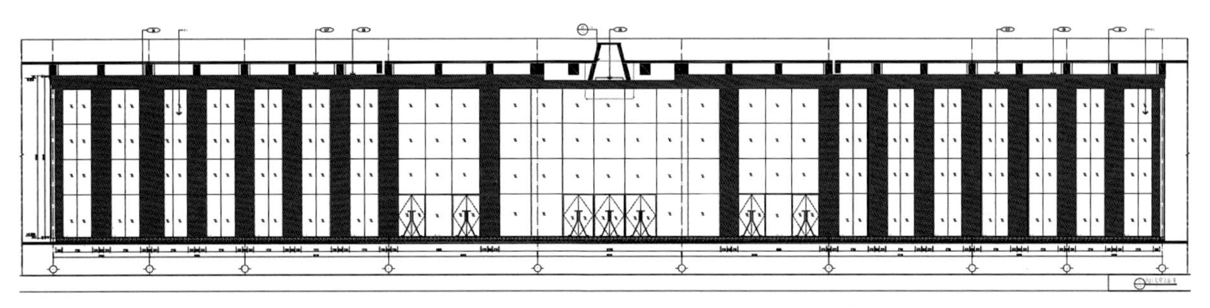

入口大厅立面图（二）

等候活动区、楼梯区域是供学生及来访者交流的区域和供学生活动的空间。同时，空间可供新生入学、毕业庆典及招生会等活动使用。入口大堂把建筑的红砖引入室内空间，延伸至顶面空间的木格栅对应着柱式的线形，入口大堂中间紧密，两边舒展，极有秩序感和张力。空间两侧的等候休息区延续建筑的立柱围合。中间文化展示区界面相对具有整体感，区别于空间两侧的线条节奏，以突出核心地位，展示文化功能。入口大堂墙面上刻着天津大学的校训“实事求是”。

入口大厅采用的大面积木纹转印铝板，从墙面延伸到了顶棚，其疏密关系从年轮抽象而来，具有音符一般的节奏感。

顶棚采用木纹转印铝单板，在转角处采用弧形折弯的方式，表现了树木坚韧的品质，圆润的处理也展示了装饰工艺的特点。灰色木纹大理石的地面与设计主题呼应。此空间将天津大学的标志放置在顶棚上的设计手法独树一帜，具有较强的感染力。大厅中悬挂灰色“实事求是”标识，与墙面颜色统一协调。

大厅两侧空间高 9m，侧天窗照明。立柱采用倒角形式的红色页岩砖贴面，顶棚采用集成形式，灯具与风口、喷淋长条式排列，体现韵律感与节奏感。

电梯厅采用退层形式，丰富空间造型，增强韵律感。红色页岩砖贴面的交错排布和顶部竖向排布相映成趣，体现设计细节。

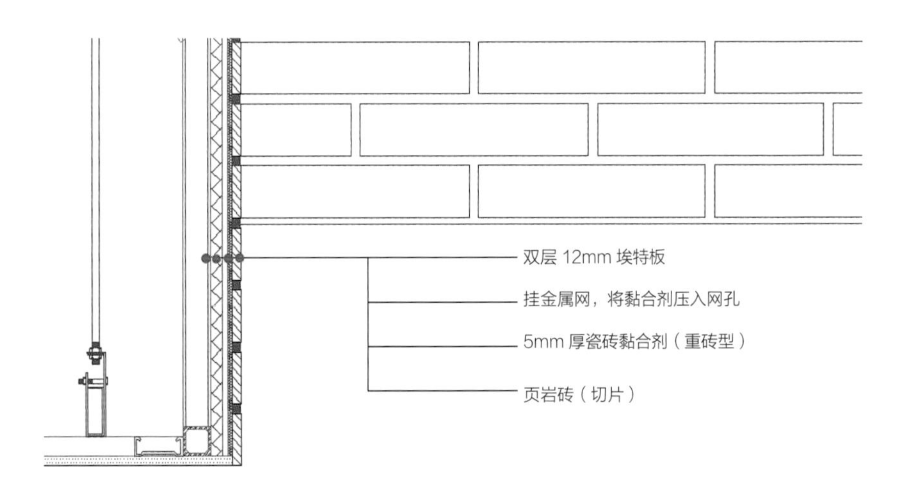

材料

地面采用灰色木纹大理石，墙面采用砖红色页岩贴面砖、灰色木纹大理石，顶棚仿水泥涂料及木纹转印铝单板。

创新点

贴片页岩砖用钢丝网固化打底，使用重砖型瓷砖黏合剂，保持 30m 以上不脱落。红砖之间采用灰色勾缝剂。

北洋会堂报告厅

报告厅 1430m^2（包含主舞台）。整体风格庄严，文化氛围浓厚。墙面砖为红色，会堂内外色调相辅相成，延续生长的概念。

为满足美观性及声学要求，会议厅顶棚分缝由宽到窄，诠释年轮生长路径的同时与空间的韵律感相匹配。浅木色穿孔吸声板由龙骨吊装，整齐大气。

座椅颜色以鲜红色和木色搭配，热情洋溢。灰色地面中性而不失稳重。台口处采用弧形台阶。

会堂报告厅（一）

会堂报告厅（二）

会堂报告厅（三）

北洋会堂的主要声学问题是，座池中前排中间区域缺乏来自侧墙的反射声，会堂纵向距离过长，当只利用自然声时，挑台开口高度与挑台深度过深，张角小于 25°，形成声影区，不满足声学要求。依据声学分析，通过增强两侧墙体声音的吸收和反射能力，调整楼座栏板的形式与角度，增加楼座栏板下部反射声来解决声学问题。

材料

地面采用灰色弹性塑胶卷材，墙面采用砖红色页岩砌块砖。变化砌块页岩砖的铺贴方式，增加层次感和设计感。台口两侧的音响处使用砖红色金属网，使整体立面色调统一。顶棚采用孔木吸声板，内置吸声岩棉。同时使用木纹转印铝单板，孔径2mm，孔距 14mm，穿孔率 17%。

创新点

会堂报告厅墙面以红色页岩砖为主要装饰材料，搭配木饰面板。页岩砖的饰面采取两种施工工艺，其中一种为砌筑形式贴。砌筑页岩砖厚 90mm，穿孔率 38%，具有吸声功能。砖体之间穿 10 号钢筋，以增加强度。

地面色系以灰色为主，礼堂应用灰色弹性塑胶卷材，与入口大厅的石材衔接。

考虑到声波共振对面层内部空腔的岩棉有影响，所以顶棚材料采用玻纤布包裹岩棉，提高材料整体性能。

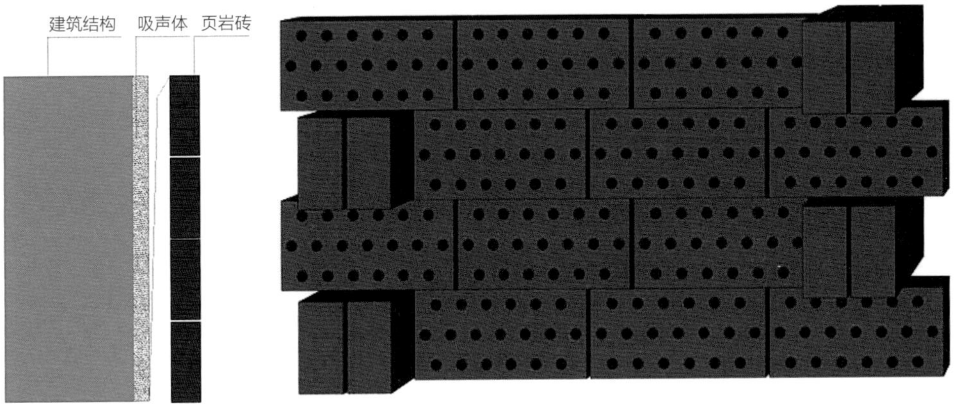

穿孔页岩砖模型示意图

鄂尔多斯体育中心

项目地点

内蒙古鄂尔多斯市康巴什新区东北方向高新科技园区阿布亥沟南岸

工程规模

总建筑面积 113137m^2，精装修面积 9088m^2

获奖情况

第三届中国建筑装饰设计艺术作品展（设计奖）中荣获文体卫工程类银奖

建筑外观

设计特点

主体建筑包括 6 万座的体育场、1.18 万座的综合体育馆（包括青少年体育培训中心、运动员公寓）、4180 座的游泳馆，此外场地内小融入了训练热身场地、全民健身场地及城市生态公园等，是鄂尔多斯市展现体育精神和文化的核心场所。鄂尔多斯体育中心的室内设计紧密结合建筑空间和使用功能，分别以尊贵雄壮、热情激荡、素雅柔美的格调营造体育场、体育馆和游泳馆的环境氛围，使一组建筑既协调又各具特色，从多个方面展现了蒙古族的神韵和性情。

空间介绍

体育场

体育场气势宏伟、雄壮，在金色巨柱的环绕下，身着鲜艳民族服饰的宾客、运动员相聚在一起，如同草原的那达慕盛会，热情激荡，紧张、豪迈。色彩、造型、灯光和细节的精心协调，让体育场的观众充分感受到节日般的氛围，敞开心胸，拥抱欢乐，感受积极进取的体育精神。看台的金色座椅在阳光下熠熠生辉，表达了对宾客的尊敬之意。这是一个开放的盛会，激动人心的比赛透过巨大的金柱向远处扩散，明媚的蓝天白云让人心情舒畅。

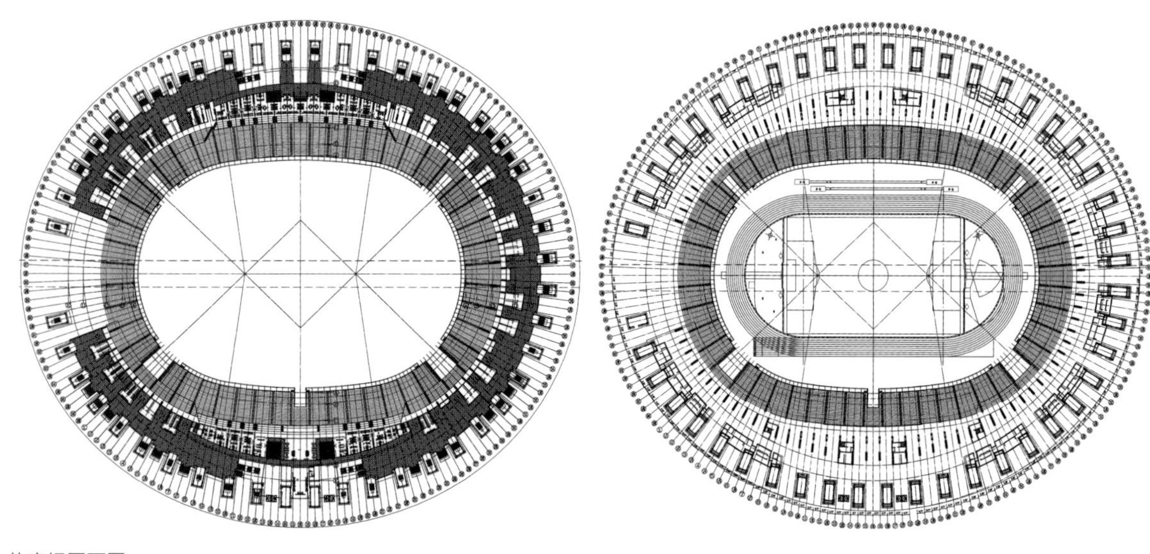

体育场平面图

体育场观众集散大厅

体育场观众集散大厅

金色巨柱气势强大，深红色的顶面向下延伸，引导观众进入看台，以黑色石材铺就的墙面映射金色的柱体和红色的顶面，粗壮的栏杆、简洁有力的形体都体现了蒙古族人民的豪爽、大气，地面的石材构造在满足功能需要的同时具有强烈的蒙古族装饰文化特色。材料方面，地面采用灰麻花岗石，顶面采用红色涂料，墙面采用蒙古黑石材。

体育场贵宾厅

体育场贵宾厅的设计体现了尊贵、大气的风格，对空间布局的梳理使贵宾的使用感受更舒适。红色的雕漆墙面与金色的吊顶浮雕呼应着建筑的色彩，造型和细部设计采用了蒙古族的装饰图案，编织的满铺羊毛地毯更突出民族工艺。

体育场贵宾厅

材料方面，地面采用黑金沙石材、嵌入式地毯，顶面采用金属木纹转印、金箔漆、顶面涂料、蚀刻不锈钢（金色），墙面采用定制木门、木饰面（进口）、弹性防污涂料（米白）。

体育馆

在体育馆中举行的比赛具有更强的对抗性，更激烈，更令人激动。比赛大厅的设计让赛场如巨大的篝火，向四周发散温暖的光和热情。上部的金属格栅构成蒙古族传统建筑的穹庐，四周是无限延伸的旷野，淡紫色的 LED 灯光仿佛照向遥远的天际。身着鲜艳服饰的人们聚集在看台那仿佛跳动的篝火的座椅上，畅谈着、交流着、鼓舞着、庆祝着，深驼色的地板漆如大地般厚重、沉稳。

看台包厢的设计以暖色调为主，简洁、亲切，平面调整后更符合观看与休息两种功能要求。

体育馆贵宾厅

体育馆的贵宾厅是对称布局的两个房间，设计赋予这两个房间不同的主题，一个是金，一个是银。金与银都是空间的核心，在简洁的造型中突出光的华贵，色彩浓烈的内蒙古风格手工地毯烘托出热情、大气的氛围。

体育馆比赛大厅

体育馆贵宾厅

游泳馆

游泳馆的意境是白纱碧水。纯粹的白、柔美的白、尊贵的白、宁静的白，让人不由得安静下来，感受这一缕纯净、一股清流。白色的金属板如轻纱笼罩着整个空间，一盏盏暖色的灯给顶部蒙上了隐约的金光。

游泳馆（一）

游泳馆（二）

游泳馆（三）

游泳馆（四）

游泳馆观众集散大厅

游泳馆的观众集散大厅如一弯新月，温柔、祥和，两边的楼梯像张开的双臂，迎接观众莅临，空间舒展、柔美，是进入馆内的过渡，也是引导。

游泳馆贵宾厅

游泳馆贵宾厅采用曲面的围合造型，如白色的哈达环绕，与游泳馆的柔美相协调，金色的定制灯具与色彩浓重的地毯都采用了蒙古族的传统工艺。

游泳馆观众集散大厅

游泳馆贵宾厅

丽思卡尔顿酒店

项目地点

北京市西城区金融街金城坊东街，紧邻西二环和长安街

工程规模

19570m^2

大堂

设计特点

设计旨在融合传统与现代，强调运用自然理念与材质，在西方的表象之下蕴含东方的内涵。总体环境传达的是和谐、温暖、欢迎回家的感觉。室内营造出优雅与豪华的氛围，以科技结合现代主义手法，借助自然的材料——玉石、青铜、大漆、贝壳、木料等，反映北京乃至中国的历史。室内设计与建筑相呼应，反映西方美学的同时与中国文化遗产密切相连。

空间介绍

大堂

进入大堂，客人会感受到空间中的光与温暖。冷色的天光被木格栅转化为暖色。斑马木的墙面与云母吧台成为 10m 高大堂的主题背景。整体色调清雅而柔和，木质材料、凝灰石配以秋叶、绿植、玉石，呼应建筑外幕墙的灰绿色调。

家具是经典的现代风格，以局部中式作点睛之笔。同时，大堂还展示了非常精美的中国工艺品。

外立面

大堂走廊

电梯厅

餐厅

与大堂的自然采光及大空间不同，餐厅着眼于对手工制品、自然材料的应用，整体风格更加轻松写意。利用水创造出映射的效果及柔和的声响。地面利用亚光与磨面材质的对比，创造丰富的效果。根据中国古人所提倡的“天人合一”思想，将园林自然引入室内，创造城市建筑之中的一片绿洲。

全日餐厅（一）

全日餐厅（二）

中餐厅

意大利餐厅

宴会厅

“大厅”与“厅堂”是传统意义上中国家居的最重要空间。宴会厅是酒店的“大厅”，具有深层次的文化内涵。酒店坐落于北京，北京在公元前已是都城，故而在室内设计中对这个城市的历史致以极高的敬意。

宴会厅外的前厅是极好的序列空间，创造了进入宴会厅的仪式感。前厅略低，之后是豁然开朗的高大空间，欲扬先抑。周围镶嵌了“宝盒”，木质，有金银装饰等。符合人体尺度的入口与家具衬托出宴会厅的恢宏。吊顶采用雕刻的艺术玻璃，创造璀璨的穹顶效果。

宴会厅

客房

客房是酒店最私密的空间，用木料、织物、窗帘为客人营造宁静与舒适的氛围，其中式图案的装饰映射出北京的文化渊源。

客房

客房走廊

北京美中宜和妇儿医院万柳院区

项目地点

北京市海淀区万柳中路 7 号

工程规模

15000m^2

建设单位

美中宜和医疗集团

开竣工时间

2014 年 12 月—2015 年 5 月

大堂咖啡厅

设计特点

美中宜和医院以医疗服务为主线，为中国中高端家庭提供从孕前、分娩、产后休养、儿童保健、儿科疾病到女性健康的全方位连续性专业服务，是国内分娩量较大的私立医院。

万柳院区设有产科、妇科、儿科、高危新生儿科、口腔科等临床科室，预设产科病房、妇科病房、儿科病房和新生儿科病房 60 间，并配备层流净化手术室和门诊手术室。

功能分区包括接待等候厅、咖啡厅、妇产科门诊区、儿童门诊区、住院部、产房、手术室等。设计团队摈弃了传统公立医疗环境中的冰冷元素，通过功能区的合理分布和氛围营造，打造医疗机构不同属性的空间。根据美中宜和的企业文化设计不以复杂浮夸的造型作为目标，而是让人得到简练、舒适的医疗关爱体验，同时通过材质与色彩管理的方式改善室内空间的视觉氛围。

做有温度的设计，表达对生命的关爱和对严谨医学科学的尊重。针对优质医疗项目的高层次需求，不断提高设计标准。

尊重建筑的设计理念，满足室内空间的功能需求，以及色彩视觉感受及材质配搭需求。并通过协作，在建筑与室内工程实施中，一次性完成墙体、机电落位，减少工程拆改。

主要材料包括石材、PVC 卷材、木饰面板、壁纸、洁净涂料、环氧树脂板、铝格栅、铝板。砂岩、木挂板与米色材质的贯穿，使医疗环境质朴、舒适、宁静。

彩色涂料在空间中作为点缀元素，同时也是视觉引导的主线。作为国际化的医疗机构 ，客户身心体验和医疗专业度是设计呈现的重点。

amcare
美中宜和医疗
北京万柳美中宜和妇儿医院
Amcare Women's & Children's Hospital
P

美中宜和医院外景

空间介绍

产科门诊区

门诊等候区舒适洁净，设计线条简洁，灯光环境温和，满足医疗场所的需求并提供高品质诊疗空间。

产科门诊区（一）

产科门诊区（二）

大堂咖啡厅

作为大堂接待空间与门诊区的过渡，利用阳光厅的空间优势，创造休闲宜人的环境，舒缓病患及家属的紧张心理。

大堂咖啡厅局部

儿科门诊区

儿科门诊区

针对 0 ~ 6 岁儿童的诊疗需求，以小木屋的形态呈现诊区和儿童活动区的童趣氛围，在诊疗过程中使小宝宝和陪同父母保持轻松愉悦。

住院部

包括护士站、家属休息区、病房。

住院部护士站

住院部家属休息区

住院部病房

图书在版编目（CIP）数据

中华人民共和国成立70周年建筑装饰行业献礼. 筑邦装饰精品/中国建筑装饰协会组织编写；北京筑邦建筑装饰工程有限公司，中设筑邦（北京）建筑设计研究院有限公司编著. —北京：中国建筑工业出版社，2021.4
ISBN 978-7-112-25255-8

Ⅰ.①中… Ⅱ.①中… ②北… ③中… Ⅲ.①建筑装饰－建筑设计－北京－图集 Ⅳ.①TU238-64

中国版本图书馆CIP数据核字（2020）第104373号

责任编辑：王延兵　郑淮兵　王晓迪
书籍设计：付金红　李永晶
责任校对：王　烨

中华人民共和国成立70周年建筑装饰行业献礼
筑邦装饰精品
中国建筑装饰协会　组织编写
北京筑邦建筑装饰工程有限公司
中设筑邦（北京）建筑设计研究院有限公司　编　著
*
中国建筑工业出版社出版、发行（北京海淀三里河路9号）
各地新华书店、建筑书店经销
北京方舟正佳图文设计有限公司制版
北京雅昌艺术印刷有限公司印刷
*
开本：965毫米×1270毫米　1/16　印张：$9\frac{3}{4}$　字数：192千字
2021年4月第一版　2021年4月第一次印刷
定价：200.00元
ISBN 978-7-112-25255-8
(36030)